新大纲

NCRE

National Computer Rank Examination

全国计算机等级考试

教程 二级 C语言

全国计算机等级考试教材编写组
未来教育教学与研究中心 编著

U0131793

人民邮电出版社
北京

图书在版编目（ＣＩＰ）数据

全国计算机等级考试教程. 二级C语言 / 全国计算机等级考试教材编写组，未来教育教学与研究中心编著.—北京：人民邮电出版社，2009.1
ISBN 978-7-115-19054-3

Ⅰ. 全… Ⅱ.①全…②未… Ⅲ.①电子计算机－水平考试－教材②C语言－程序设计－水平考试－教材 Ⅳ.TP3

中国版本图书馆CIP数据核字（2008）第174656号

内 容 提 要

本书依据教育部考试中心最新发布的《全国计算机等级考试大纲》以及作者多年对等级考试的研究编写而成，旨在帮助考生(尤其是非计算机专业的初学者)学习相关内容，顺利通过考试。

全书共有 13 章，主要内容包括：程序设计和 C 语言基础，数据类型，运算符和表达式，顺序结构程序设计、选择结构程序设计和循环结构程序设计，数组、函数、变量的作用域和存储类别，指针，编译预处理，结构体、共用体和用户定义类型，位运算以及文件等。

本书配套光盘中提供多媒体课堂，以动画的方式讲解重点和难点，为考生营造轻松的学习环境。此外，还提供了供考生熟悉笔试和上机考试环境的模拟系统。

本书可作为全国计算机等级考试培训教材和自学用书，也可作为学习 C 语言的参考书。

全国计算机等级考试教程——二级 C 语言

◆ 编　　著　全国计算机等级考试教材编写组
　　　　　　未来教育教学与研究中心
　　责任编辑　李　莎

◆ 人民邮电出版社出版发行　　北京市崇文区夕照寺街 14 号
　　邮编　100061　电子函件　315@ptpress.com.cn
　　网址　http://www.ptpress.com.cn
　三河市海波印务有限公司印刷

◆ 开本：880×1092　1/16　　　彩插：1
　　印张：15.5　　　　　　　　2009 年 1 月第 1 版
　　字数：417 千字　　　　　　2009 年 1 月河北第 1 次印刷

ISBN 978-7-115-19054-3/TP

定价：30.00 元（附光盘）

读者服务热线：(010)67132692　印装质量热线：(010)67129223
反盗版热线：(010)67171154

本书编委会

主　编：张　淼

委　员（排名不分先后）：

付红伟　　任　威　　李　琴　　谷永生　　张　涛

张　萍　　张　琦　　张　燕　　张冬梅　　张圣亮

侯　军　　祝　萍　　昝　超　　郑慧芳　　钱　勇

唐彦文　　梁敏勇

丛书序

全国计算机等级考试由教育部考试中心主办,是国内影响最大,参加考试人数最多的计算机水平考试。它的根本目的在于以考促学,这决定了它的报考门槛较低,考生不受年龄、职业、学历等背景的限制,任何人均可根据自己学习和使用计算机的实际情况,选考不同级别的考试。

一、为什么编写本丛书

计算机等级考试的准备时间短,一般从报名到参加考试只有近 4 个月的时间,留给考生的复习时间有限,并且大多数考生是非计算机专业的学生或社会人员,基础比较薄弱,学习起来比较吃力。

通过对考试的研究和对数百名考生的调查分析,我们逐渐摸索出一些减少考生(尤其是初学者)学习困难的方法,以帮助考生提高学习效率和学习效果。因此我们编写了本套图书,将我们多年研究出的教学和学习方法贯穿全书,帮助考生巩固所学知识,顺利通过考试。

二、丛书特色

1. 一学就会的教程

本套图书的知识体系都经过巧妙设计,力求将复杂问题简单化,将理论难点通俗化,让读者一看就懂,一学就会。
- 针对初学者和考生的学习特点和认知规律,精选内容,分散难点,降低台阶。
- 例题丰富,深入浅出地讲解和分析复杂的概念和理论,力求做到概念清晰、通俗易懂。
- 采用大量插图,并通过生活化的实例,将复杂的理论讲解得生动、易懂。
- 精心为考生设计学习方案,设置各种栏目引导和帮助考生学习。

2. 衔接考试的教程

我们深入分析和研究历年考试真题,结合考试的命题规律选择内容,安排章节,坚持多考多讲、少考少讲、不考不讲的原则。在讲解各章节的内容之前,都详细介绍了考试的重点和难点,从而帮助考生安排学习计划,做到有的放矢。

3. 书盘结合的教程

本丛书所配的光盘主要提供两部分内容:多媒体课堂、笔试与上机考试模拟系统。使用本丛书的光盘,就等于把辅导老师请回了家。

多媒体课堂用动画演绎复杂的理论知识,用视频讲解各种操作方法,使学习变得轻松而高效。

笔试与上机考试模拟系统提供大量的练习题,其中上机考试模拟系统可真实模拟上机考试环境,帮助考生提前感受上机考试的全过程。

三、如何学习本丛书

本丛书为各个学习环节设计了各种栏目,方便考生利用。

1. 如何学习每一章

书中每章都安排了章前导读、本章评估、学习点拨、本章学习流程图、知识点详解、课后总复习、学习效果自评等固定板块。下面就详细介绍如何合理地利用这些资源。

章前导读	列出每章知识点，让考生明确学习内容，做到心中有数。	

章前导读

通过本章，你可以学习到：
- 计算机语言的分类
- 算法的基本概念及特点
- 结构化程序设计的基本概念
- VC 6.0集成开发环境的使用
- 如何学习C语言
- C语言程序的构成及开发过程

学习点拨	提示每章内容的重点和难点，为考生介绍学习方法，使考生更有针对性地学习。	

学习点拨

学习C语言之前，读者除了需要掌握一些简单的数学方法，还需要掌握VC 6.0的使用方法，包括C语言程序的建立、打开、保存以及C语言程序的编译、连接等。另外，为了让读者对编程有一个初步的认识，本章还介绍了算法和结构化程序设计的基本内容。

本章评估	通过分析数套历年笔试和上机考试的真题，总结出每章内容在考试中的重要程度、考核类型、所占分值，以及建议学习时间等重要参数，使考生可以更加合理地制订学习计划。	

本章评估

重要度	★
知识类型	熟记
考核类型	笔试

本章学习流程图	提炼重要知识点，详细点明各知识点之间的关系，同时指出对每一个知识点应掌握的程度：是了解，是熟记，还是掌握。	

本章学习流程图

知识点详解	根据考试的需要，合理取舍，精选内容，结合巧妙设计的知识板块，使考生迅速把握重点，顺利通过考试。	

1.1 程序设计的基本概念

C语言是一种程序设计工具，用其进行编程的过程就是用C语言进行程序设计。因此，在讲C语言的用法之前，先让我们一起来了解一些有关程序和程序设计的基础知识。

1.1.1 程序和程序设计

学习效果自评	学完每章的知识后，考生可通过"课后总复习"对所学知识进行检验，还可以对照"学习效果自评"对自己的掌握情况进行检查。	

学习效果自评

2．如何使用书中栏目

书中设计了4个小栏目，分别为"学习提示"、"请注意"、"请思考"和"网络课堂"。

（1）学习提示

学习提示是从对应模块提炼的重点内容，读者可以通过它明确学习重点。

（2）请注意

该栏目主要是提示读者在学习过程中容易忽视的问题，以引起大家的重视。

（3）请思考

介绍完一部分内容后，以这种形式给出一些问题让读者思考，使读者能举一反三。

（4）网络课堂

提供相关扩展知识的网址链接，读者可以通过它们学习更多的知识。

希望本书在备考过程中能够助您一臂之力，让您顺利通过考试，成为一名合格的计算机应用人才。

由于时间仓促，书中难免存在疏漏之处，恳请广大读者批评指正。编辑信箱为：lisha@ptpress.com.cn。

编　者
2008年11月

多媒体教学光盘使用说明

一、光盘内容

本软件提供多媒体课堂，以及笔试与上机考试模拟系统。读者安装软件后即可使用。

二、光盘使用环境

硬件环境

主　　机	PentiumⅢ 1GHz相当或以上
内　　存	128MB以上（含128MB）
显　　卡	SVGA 彩显
硬盘空间	500MB以上（含500MB）

软件环境

操作系统	中文版Windows XP
应用软件	Microsoft Visual C++ 6.0和MSDN 6.0

三、光盘安装方法

步骤1：启动计算机，进入Windows操作系统。

步骤2：将光盘放入光驱，光盘会自动运行安装程序（也可以双击执行光盘根目录下的Autorun.exe文件），将本软件安装到本地硬盘。安装完毕后，会自动在桌面上生成名为"教程二级C语言"的快捷方式。

四、光盘使用方法

1. 启动

双击计算机桌面上的"教程二级C语言"快捷方式，弹出如图1所示的窗口。

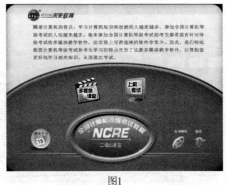

图1

2. 关于多媒体课堂

单击图1中的"多媒体课堂"按钮进入多媒体教学课堂，进行互动学习，如图2所示。

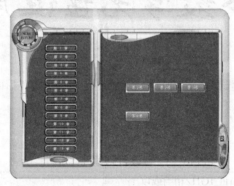

图2

在图2中，单击要学习的章的相应按钮，在界面的右边就会出现对应的课程，然后单击相应的按钮即可进入动画学习界面，如图3和图4所示。

图3　　　　　　　　　　　　　　　　　　　图4

3. 关于模拟考试系统

单击图1中的"上机考试"按钮进入模拟考试系统，如图5所示。

图5

（1）日常练习

单击"日常练习"→"笔试部分"按钮，即进入如图6所示的界面。也可以根据需要单击其他相应的按钮。

选择"日常练习"→"上机部分"，即进入如图7所示的界面。也可以根据需要单击其他按钮。

图6　　　　　　　　　　　　　　　　　　　图7

（2）模拟考试

单击"模拟考试"→"笔试部分"按钮，即进入如图8所示的界面。也可以根据需要单击其他按钮。

图8

单击"模拟考试"→"上机部分"按钮，即进入如图9所示的界面。单击图9中的"登录"按钮即可进入如图10所示的上机考试系统的登录界面。

图9　　　　　　　　　　　　　　　　　　　图10

单击如图10所示界面中的"开始登录"按钮，弹出如图11所示的"考试登录"界面。可以使用默认的准考证号登录，如图12所示。

图11

图12

此时若单击"开始考试"按钮则进入如图13所示的"考试须知"界面，若单击"重输考号"按钮则可以用其他准考证号登录。单击图13中的"开始考试并计时"按钮即可进入上机考试模拟系统并开始考试了，如图14所示。

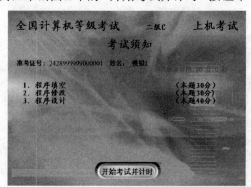
图13

图14

执行"考试项目"→"启动Visual C++ 6.0"命令，即可进入如图15所示界面。

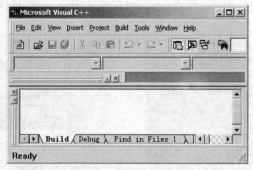
图15

4. 注意

用本软件进行上机练习时，读者的计算机中必须装有Visual C++ 6.0的开发环境，否则将不能通过本软件进行正常的上机练习。

目　录

第1章
程序设计和C语言

 视频课堂

章前导读

通过本章，你可以学习到：

◎计算机语言的分类　　　　　　　◎如何学习C语言

◎算法的基本概念及特点　　　　　◎C语言程序的构成及开发过程

◎结构化程序设计的基本概念

◎VC 6.0集成开发环境的使用

本章评估		学习点拨
重 要 度	★	学习C语言之前，读者除了需要掌握一些简单的数学方法，还需要掌握VC 6.0的使用方法，包括C语言程序的建立、打开、保存以及C语言程序的编译、连接等。另外，为了让读者对编程有一个初步的认识，本章还介绍了算法和结构化程序设计的基本内容。
知识类型	熟记	
考核类型	笔试	本章将对上述内容进行简单的介绍，并且对VC 6.0的使用、C程序的构成及如何进行C程序的上机操作进行详细介绍。
所占分值	笔试：4分	
学习时间	2课时	读者可以通过"本章学习流程图"把握本章的编写思路及重要知识点，理清本章的知识脉络。

本章学习流程图

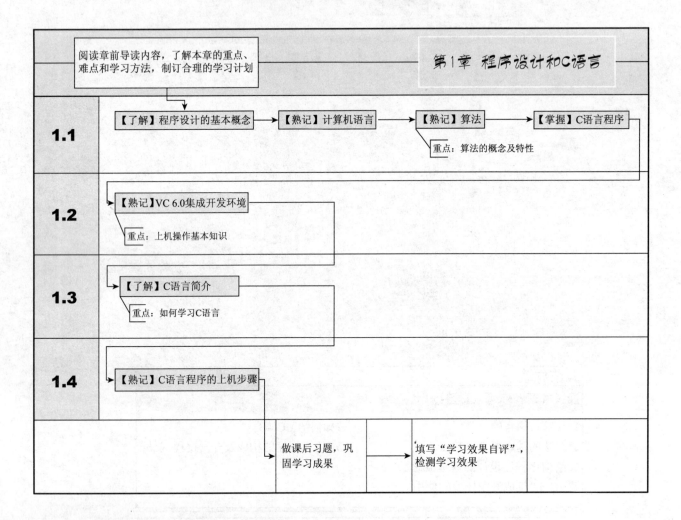

1.1　程序设计的基本概念

C语言是一种程序设计工具，用C语言进行编程的过程就是程序设计的过程，因此，在讲C语言的用法之前，先让我们一起来了解一些有关程序和程序设计的基础知识。

1.1.1　程序和程序设计

学习提示

【了解】程序和程序设计的概念

| 程序 | 是指可以被计算机连续执行的一条条指令的集合，也可以说是人与机器进行"对话"的语言。 |

人们将需要计算机做的工作写成一定形式的指令，并把它们存储在计算机的内部存储器中，当人为地给出命令之后，它就被计算机按指令操作顺序自动运行，这样程序就被执行了。

| 程序设计 | 就是用程序设计语言编写程序的过程。 |

广义上说，程序设计是用计算机解决一个实际应用问题时的整个处理过程，包括提出问题、确定数据结构、确定算法、编程、调试程序及书写文档等一系列的过程。

- 提出问题：提出需要解决的问题，形成一个需求任务书。
- 确定数据结构：根据需求任务书提出的要求、指定的输入数据和输出结果，确定存放数据的数据结构。
- 确定算法：针对存放数据的数据结构确定解决问题、实现目标的步骤。
- 编写程序：根据指定的数据结构和算法，使用某种计算机语言编写程序代码，输入到计算机中并保存到磁盘上，简称编程。
- 调试程序：消除由于疏忽而引起的语法错误或逻辑错误；用各种可能的输入数据对程序进行测试，使之对各种合理的数据都能得到正确的结果，对不合理的数据都能进行适当处理。
- 书写文档：整理并写出文档资料。

 请注意　数据结构是指数据在计算机中的存放形式，它用来反映一个数据的内部构成，即一个数据由哪些数据成分构成，以什么方式构成，呈什么结构，如线性表、树等，本书中不做详细介绍。

1.1.2　计算机语言

学习提示

【熟记】3种计算机语言的名称
【了解】常见的高级语言

计算机语言是人与计算机进行交流的工具。计算机语言分为机器语言、汇编语言和高级语言3种。

对于计算机本身来说，它并不能直接识别由高级语言编写的程序，只能接受和处理由0和1的代码构成的二进制指令或数据，这种直接面向计算机的指令称为"机器语言"。

目前，使用比较广泛的语言，如Visual C++、Java以及本书将要介绍的C语言等，它们都被称为计算机的"高级语言"。高级语言是用接近人们习惯的自然语言作为语言的表达形式，学习和操作起来十分方便，并且用高级语言编写的程序具有良好的通用性和可移植性，不依赖于具体的计算机类型。

汇编语言是介于机器语言和高级语言之间的一种语言。

1.1.3 算法的概念

学习提示

【掌握】算法的描述方法

我们知道,"确定算法"是进行程序设计过程中一个相当重要的步骤,那么究竟什么是算法呢?

1. 算法的概念

不是只有计算的问题才有算法。广义上讲,算法是为了解决一个问题而采取的方法和步骤。例如,描述跆拳道动作的图解,就是"跆拳道的算法";一首歌曲的乐谱也可以称为该歌曲的算法,因为它指定了歌曲演奏的每一个步骤,按照此步骤就能演奏出预定的乐曲。

计算机科学中的算法是指为解决某个特定问题而采取的确定且有限的步骤,它是为了解决"做什么"和"怎么做"的问题。著名科学家沃思(Nikiklaus Wirth)曾提出一个公式:

数据结构 + 算法 = 程序

其中,数据结构是对数据的描述,也就是在程序中数据的类型和组织形式,而算法则是对操作步骤的描述。

2. 算法的描述

算法是程序设计中非常重要的概念,它的处理对象是数据。有了算法,就可以用任何一种计算机高级语言将算法转换为程序。看到这,读者可能会想:算法既然这么重要,那算法是用什么方法来描述的呢?下面我们就为您解开答案。其实,算法可以用各种描述方法进行描述,目前最常用的有3种:伪代码、流程图和N-S结构图。

伪代码是一种近似高级语言但又不受语法约束的语言描述方法,这种方法比较易于理解,但描述较冗长。

流程图是一种很好的描述算法的工具,传统的流程图由图1-1所示的几种基本图形组成。

| 起止框 | 处理框 | 输入输出框 | 判断框 | 流程线 | 连接点 |

图1-1 流程图基本构成图形

用传统流程图表示算法的优点是形象直观、简单方便;缺点则是这种流程图对于流程线的走向没有任何限制,可以任意转向,描述算法时费时费力且不易阅读。

N-S结构图是由美国学者I.Nassi和B.Shneiderman在1973年提出的。这种流程图完全去掉了流程线,算法的每一步都用一个矩形框来表示,把一个个矩形框按执行的次序连接起来就是一个算法描述。

3. 算法的特性

一个算法应该具有以下几个特点:

● 有穷性;
● 确定性;
● 有零个或多个输入;
● 有一个或多个输出;

● 有效性。

1.1.4 结构化程序设计

结构化程序主要由以下3种基本控制结构组成，我们将在后面的章节中做详细的介绍。

1. 顺序结构

顺序结构是最基本的算法结构，当执行由这些语句构成的程序时，将按这些语句在程序中的先后顺序逐条执行，没有分支，没有转移，没有步骤之间的相互约束，没有对某一步骤的多次使用，完全按照步骤的原有次序依次执行。顺序结构可用图1-2所示的流程图表示。其中图1-2（a）是一般流程图，图1-2（b）是N-S结构图。

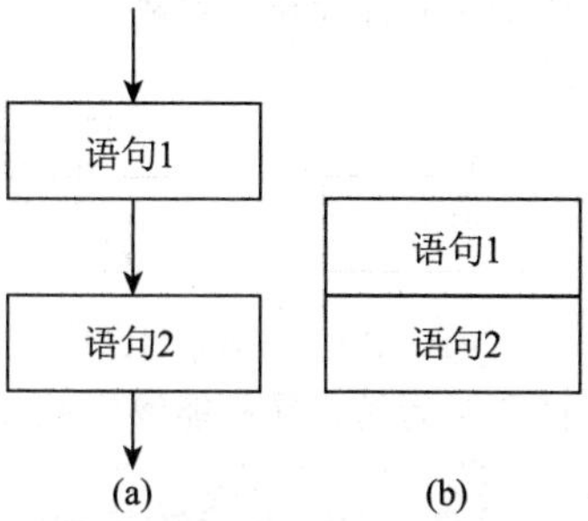

2. 选择结构

选择结构根据不同的条件去执行不同分支中的语句。选择结构可用图1-3所示的流程图表示，其中图1-3（a）是一般流程图，图1-3（b）是N-S结构图。

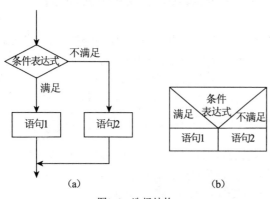

图1-2 顺序结构

图1-3 选择结构

3. 循环结构

循环结构就是根据各自的条件，使同一组语句重复执行多次。循环结构的流程如图1-4和图1-5所示。图1-4是当型循环，这种循环的特点是：当指定的条件满足（成立）时，就执行循环体；否则就不执行。图1-5是直到型循环，该循环的特点是：执行循环体直到指定的条件满足（成立），就不再执行循环。

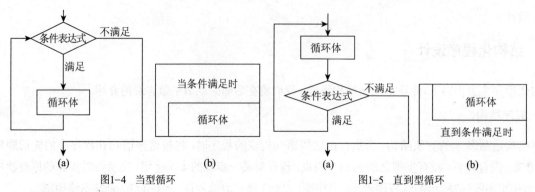

图1-4　当型循环	图1-5　直到型循环

由以上3种基本结构组成的算法结构可以解决任何复杂的问题，由它们所构成的算法称为结构化算法，由它们所构成的程序称为结构化程序。

1.2　Visual C++ 6.0集成开发环境简介

Visual C++ 6.0（以下简称VC 6.0）为用户提供了一个集成开发环境，它使得C语言程序的编辑、编译、连接、调试和运行等工作都能够在统一的操作界面下完成。下面介绍VC 6.0的使用方法。

1.2.1　VC 6.0的启动

VC 6.0的启动有以下两种方法。

（1）双击桌面上"Microsoft Visual C++ 6.0"的快捷图标，如图1-6所示。即可进入VC 6.0的集成开发环境。

图1-6　第1种启动方法

（2）通过单击桌面左下角的"开始"按钮，弹出"开始"菜单，在程序子菜单中选择"Microsoft Visual Studio 6.0"选项，最后单击其中的"Microsoft Visual C++ 6.0"，也可以进入VC 6.0的集成开发环境。

图1-7 第2种启动方法

1.2.2 VC 6.0的退出

在VC 6.0状态下打开"File"（文件）菜单，然后选择"Exit"（退出）选项即可退出VC 6.0环境，也可以直接单击VC 6.0程序界面标题栏中的关闭按钮，如图1-8所示。

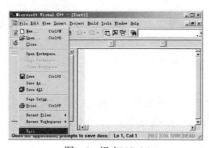

图1-8 退出VC 6.0

1.2.3 VC 6.0集成开发环境介绍

VC 6.0的集成开发环境主要由标题栏、菜单栏、工具栏、项目工作区窗口、源程序编辑窗口、输出窗口和状态栏7部分组成，如图1-9所示。由于尚未加载任何项目，所以图1-9中的项目工作区窗口、源程序编辑窗口以及部分菜单选项和工具栏按钮呈现不可操作状态。

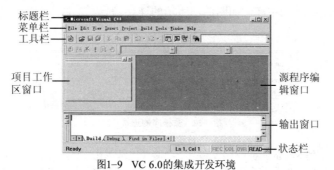

图1-9 VC 6.0的集成开发环境

1.2.4 修改已有的源程序

在没有退出VC 6.0集成开发环境的情况下，如果需要修改源程序文件，可立即进行编辑，再重新编译、连接和运行。如果已经退出集成开发环境，又想对源程序文件进行修改，则可以再次启动VC 6.0，选择"File"菜单中的"Open"（打开文件）命令打开需要修改的源程序。

（1）打开已有的源程序

启动VC 6.0，打开"File"菜单，选择"Open"命令，会弹出"打开"对话框，如图1-10所示。浏览磁盘中的文件和文件夹，找到并双击对应的源程序。这时，VC 6.0会将该程序的工作区加载到集成开发环境中，如图1-11所示。

图1-10　"打开"对话框　　　　　　　　　　　图1-11　源程序的工作区

（2）编辑

按照要求，对打开的程序进行修改，或者重新编写代码。

（3）编译

打开"Build"菜单，选择"Compile 源程序文件名"命令（也可单击工具栏按钮 或使用快捷键"Ctrl+F7"）对源程序文件进行编译。如果程序代码输入正确无误，VC 6.0会在输出窗口中产生如图1-12所示的编译信息，这说明已成功地生成扩展名为.obj的目标文件。

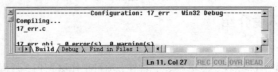

图1-12　源程序的编译

（4）连接

打开"Build"菜单，选择"Build源程序文件名"命令（也可以单击工具栏按钮 或使用快捷键"F7"）对目标文件进行连接。VC 6.0会在输出窗口中产生如图1-13所示的连接信息，这说明已成功地生成扩展名为.exe的可执行文件。

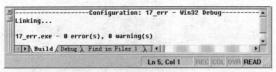

图1-13　源程序的连接

（5）运行

打开"Build"菜单，选择"Execute 源程序文件名"命令（也可单击工具栏按钮 或使用快捷键"Ctrl+F5"）来运行程序。这时，VC 6.0会弹出一个控制台命令行窗口，其中显示程序的运行结果，如图1-14所示。用户可以按键盘上的任意键来关闭此窗口（Press any key to continue）。

如果这时还需要对其他文件进行修改，可以先选择"File"菜单中的"Close Workspace"命令来关闭当前程序的工作区，然后按照同样的方法建立需要修改的项目工作区。

图1-14　程序的运行结果

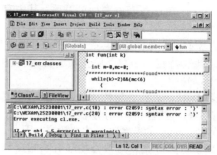

图1-15　提示错误信息

1.2.5　编译、连接信息的处理

在一个VC 6.0程序中可能出现下列两种类型的错误。

● 语法错误：是指源程序代码中不符合VC 6.0语法规定的内容。

● 语义错误：是指源程序代码中存在的逻辑错误。

编译器在进行语法检查时会向用户报告源程序代码中的语法错误，并列出错误位置、出错原因等信息，如图1-15所示。

用户可以根据这些提示信息找到代码中存在错误的位置，如图1-16所示，并通过自身所掌握的知识对错误进行排除，错误排除以后，才能成功地通过编译和连接等步骤，得到可执行程序。

但是，编译器并不能自动检查出代码中存在的语义错误，也就是说，没有语法错误的源程序代码并不意味着一定会没有语义错误。必须等到运行时才能测试出程序是否符合预先设定的逻辑。如果程序在运行时出现了异常情况或逻辑错误，则可断定代码中存在着语义错误。所以，考生还需对照屏幕信息或最终的输出文件进行最后的检查，图1-17所示的是对照最终的输出文件进行检查。

错误对应在程序段中的位置

出错信息提示，双击此行可查看错误所在的位置

图1-16　修改程序中的错误

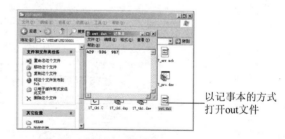

以记事本的方式打开out文件

图1-17　上机结果检查

1.3　C语言简介

1.3.1　如何学习C语言

学习提示

【了解】如何学习C语言

初学C语言的人，开始都会有一种感觉：知识点显得很零散，没有一定的系统性，每一个知识点就像是一个个孤立的小球。但随着学习的深入，他们就会发现：实际上，C语言中的每

一个知识点与其他知识点有着密切的联系，其中有一条主线将所有的知识点串在一起。下面，我们就来介绍C语言中的这条主线。

C程序的基本单位是函数，也就是说一个C程序是由一个或若干个函数构成的。该内容将在第7章予以介绍。

为了保证某些特定的函数能够正常运行，需要用编辑预处理命令将一些头文件在程序一开始给出。这些内容将会在第10章予以介绍。

一个函数是由一条条语句构成的，为了实现一些特殊的要求，又需要用到一些具有特定功能的语句结构，如顺序、选择、循环等。这些内容会分别在第3、4、5章予以介绍。

常量、变量、表达式等都可以构成语句，因此，我们在第2章安排了关于常量、变量、表达式等方面的知识。

考虑到知识点的复杂程度以及初学者的阅读习惯，在不改变以上线索的基础上，我们对本书的结构进行了合理安排，大家可在学习的过程中慢慢体会。

1.3.2　C程序的构成

用C语言编写的程序称为C程序。C程序的基本单位是函数，一个C程序由一个或若干个函数构成。并且，程序中有且只能有一个主函数，即main函数。不论main函数在整个程序中的位置如何，C程序总是从main函数开始执行，其他函数由main函数直接或间接调用执行。

C程序主要有两种文件形式：头文件和源文件。头文件一般以".h"为文件扩展名，头文件通常被"include"（包含）在源程序文件的开头，所以也称为"包含文件"；源文件通常以".c"为文件扩展名。

学习提示
【掌握】C程序的构成和书写格式

下面我们结合一个C程序例子来详细讲解C程序的构成。

【例1-1】一个简单的C程序，其功能是求键盘输入的两个数中较大的数。

程序代码

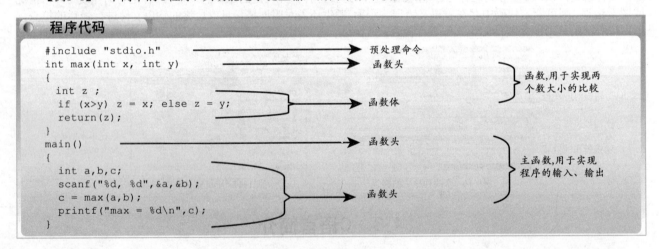

```
#include "stdio.h"                    预处理命令
int max(int x, int y)                 函数头
{
    int z ;
    if (x>y) z = x; else z = y;       函数体
    return(z);
}
main()                                函数头
{
    int a,b,c;
    scanf("%d, %d",&a,&b);
    c = max(a,b);                     函数头
    printf("max = %d\n",c);
}
```

函数，用于实现两个数大小的比较

主函数，用于实现程序的输入、输出

（1）头文件

程序第1行中的"stdio.h"是头文件。语句"#include "stdio.h""是预处理命令，用于将各头文件包含到程序中，其后不能加"；"。

（2）主函数

● main是主函数名，其后的一对圆括号中间可以带参数，也可以是空的，但一对圆括号不能省略（在第9章中介绍了关于main函数的参数）。

● 程序必须有且只能有一个主函数。无论主函数放在文件中什么位置（开头、中间或最后），程序运行总是从主函数开始，最后在主函数中结束。

● 程序中除了main函数外，还可以有若干个其他函数。其他函数是由主函数直接或间接调用来执行的。但其他函数不能反过来调用主函数。

（3）函数头和函数体

函数定义由两部分组成：函数头和函数体。

● 函数头包括函数名、函数类型、函数参数名和参数类型。在例1-1中，int max(int x,int y)为函数头，max为函数名，函数类型为int，函数参数名为x,y，参数类型也为int型。

● 用"{}"括起来的部分称为函数体，左大括号"{"表示函数体的开始，右大括号"}"表示函数体的结束。

● 函数体内是C语言的语句，一般包括数据说明语句和执行语句两部分。执行语句必须放在说明语句之后。在例1-1中，"int z;"和"int a,b,c;"都是说明语句。说明语句又称定义语句，它后面的其他语句统称为执行语句。

（4）C程序主要由小写字母组成

习惯上，C程序主要由小写字母组成，也可以是大写字母，只是应该少用。C语句用分号";"来结束，";"是语句的一部分，不能缺少。

（5）注释语句

注释语句主要用于说明变量的含义和程序段的功能等，以提高程序的可读性，它不参与程序的运行。"/*……*/"是对程序的注释，可以出现在程序的任何位置，"/*"和"*/"必须成对出现。另外，C语言还有一种形式的注释，即使用"//"，不同的是，这种方式只能对单行进行注释，而且注释的内容必须跟在"//"的后面。如，注释形式：

　　/*调用max函数*/

等价于：

　　//调用max函数

请注意　当一个程序只作为另一个程序的子程序的时候，那么该程序中可以没有主函数main，因为主函数只是一个函数的入口，如果没有主函数的话，只能说该程序不能单独执行。

1.3.3　C程序的书写格式

C程序的书写格式比较自由，但有以下几点需要注意。

● 标识符的大小写是有区别的。例如，a和A表示两个不同的变量。

● C程序语句用分号";"结束，分号是C语句的必要组成部分。但是在预处理命令、函数头、花括号"{"和"}"之后不能加分号。

● 一行可以写多个语句，一个语句可以分写在多行。

● 可以在程序的任何位置用"/*……*/"或"//"对程序或语句进行注释。

1.3.4　C程序的开发过程

C程序开发的基本过程如图1-18所示。

学习提示

【掌握】C程序的开发过程

（1）编辑

在VC 6.0集成开发环境的源程序编辑窗口中，将C语言源程序通过键盘输入到计算机，并以文件的形式存储到磁盘中。源程序文件以".c"作为扩展名。

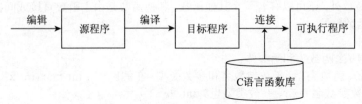

图1-18　C程序的开发过程

（2）编译

使用VC 6.0编译器将C语言源程序转换为目标程序，这一过程称为编译。在编译过程中，可能会发现源程序中的一些语法错误，这时需要重新利用编辑程序来修改源程序，然后再重新编译。源程序文件进行编译之后形成一个扩展名为".obj"的二进制文件，称为目标文件。C语言中的每条可执行语句经过编译后最终都将被转换成二进制的机器指令。

（3）连接

经过编译后生成的目标程序是不能直接执行的，需要经过连接之后才能生成可执行程序。连接是将编译形成的目标文件".obj"和库函数及其他目录文件连接，形成统一的可执行的二进制文件".exe"。

（4）执行

经过编译、连接之后，源程序文件就生成了后缀为".exe"的可执行文件，执行该文件可以得到程序的运行结果。

1.4　C程序的上机步骤

在了解了C语言的初步知识后，读者最好上机运行一个简单的C程序，以建立对C程序的初步认识。下面就让我们一起来编写一个简单的C语言程序。

【例1-2】判断一个数的个位数字和百位数字之和是否等于其十位上的数字，"是"则返回"yes!"，"否"则返回"no!"。

■步骤1　需求分析。根据题目的要求，总结出相应的算法：分别找出个位、十位和百位上所对应的数值，这也是本题的关键。将个位上的数与百位上的数进行求和，并求和结果与十位上的数进行比较。若比较结果相等，则返回"yes!"；若比较结果不相等，则返回"no!"。

这里介绍一种求一个百位数不同位上数值的方法。

个位数：用该数除以10，取计算结果中的余数。

十位数：用该数除以10，对计算结果取整，再用取整后的数除以10，取计算结果中的余数。

百位数：用该数除以100，并对计算结果取整。

如238，结合上面的方法，我们可以得到以下结果。

个位数：238除以10，结果为23余8，故为8。

十位数：238除以10，取整后的结果为23，再用23除以10，结果为2余3，故为3。

百位数：238除以100，取整后的结果为2。

步骤2 编写代码。通过上一节介绍的方法打开VC 6.0集成开发环境，根据题干的要求在源程序编辑窗口中编写如下的程序段。

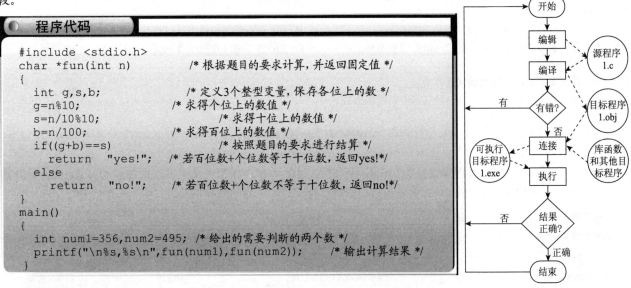

```
#include <stdio.h>
char *fun(int n)            /* 根据题目的要求计算,并返回固定值 */
{
  int g,s,b;               /* 定义3个整型变量,保存各位上的数 */
  g=n%10;                  /* 求得个位上的数值 */
  s=n/10%10;               /* 求得十位上的数值 */
  b=n/100;                 /* 求得百位上的数值 */
  if((g+b)==s)             /* 按照题目的要求进行结算 */
    return  "yes!";        /* 若百位数+个位数等于十位数,返回yes!*/
  else
    return  "no!";         /* 若百位数+个位数不等于十位数,返回no!*/
}
main()
{
  int num1=356,num2=495;   /* 给出的需要判断的两个数 */
  printf("\n%s,%s\n",fun(num1),fun(num2));      /* 输出计算结果 */
}
```

图1-19 上机编程步骤

步骤3 调试并运行。对于一个编好的C程序,如何上机运行呢? 实际上,主要包括以下几个步骤:上机输入与编辑源程序→对源程序进行编译→与库函数进行连接→运行可执行的目标程序等,以上过程如图1-19所示。

其中,实线表示操作流程,虚线表示文件的输入和输出。

步骤4 保存程序结果。

请思考 ❓ 如何求得整数1489各位上的数值?

课后总复习

一、选择题

1. 以下叙述中错误的是（ ）。
   A）C语言源程序经编译后生成后缀为".obj"的目标程序
   B）C程序要经过编译、连接步骤之后才能形成一个真正可执行的二进制机器指令文件
   C）用C语言编写的程序称为源程序,它以ASCII代码形式存放在一个文本文件中
   D）C语言中的每条可执行语句和非执行语句最终都将被转换成二进制的机器指令

2. 用C语言编写的代码程序（ ）。
   A）可立即执行　　　　　B）是一个源程序　　　　C）经过编译即可执行　　　　D）经过编译解释才能执行

3. 能将高级语言编写的源程序转换为目标程序的是（ ）。
   A）链接程序　　　　　B）解释程序　　　　C）编译程序　　　　D）编辑程序

4. 以下叙述中正确的是（ ）。

A）C语言的源程序不必通过编译就可以直接运行　　　　B）C语言中的每条可执行语句最终都将被转换成二进制的机器指令

C）C源程序经编译形成的二进制代码可以直接运行　　　　D）C语言中的函数不可以单独进行编译

5. 以下叙述中正确的是（　　）。

A）用C语言编写的程序必须要有输入和输出

B）用C语言编写的程序可以没有输出但必须要有输入

C）用C语言编写的程序可以没有输入但必须要有输出

D）用C语言编写的程序可以既可以没有输入也可以没有输出

二、填空题

1. 问题处理方案的正确而完整的描述称为＿＿。

2. 结构化程序由＿＿、＿＿、＿＿3种基本控制结构组成。

学习效果自评

　　学完本章后，相信大家对程序设计的知识有了一定的了解，本章内容在考试中多以选择题的方式出现。下表是对本章比较重要的知识点的一个小结，大家可以检查自己对这些知识点的掌握情况。

掌握内容	重要程度	掌握要求	自评结果		
程序和程序设计的概念	★	能够理解程序和程序设计的概念	□不懂	□一般	□没问题
C程序的构成	★★★	能够掌握C程序的构成	□不懂	□一般	□没问题
C程序的开发过程	★★	能够掌握C程序的开发过程	□不懂	□一般	□没问题
算法	★	了解算法的概念和特性	□不懂	□一般	□没问题
结构化程序设计	★★	掌握结构化程序的特点	□不懂	□一般	□没问题
VC 6.0集成开发环境	★★★★	熟练使用VC 6.0集成开发环境	□不懂	□一般	□没问题

▮▮▮▶ NCRE 网络课堂　　http://www.eduexam.cn/netschool/C.html

教程网络课堂——C语言之四书五经

教程网络课堂——C语言程序结构和语法规则

教程网络课堂——VC 6.0 使用指南

第2章
数据类型、运算符和表达式

 视频课堂

第1课　常量、变量和标识符
● 标识符
● 关键字
● 常量
● 变量
● 数据类型
● 运算符和表达式

章前导读

通过本章，你可以学习到：

◎ 常量、变量及标识符的定义

◎ C语言的基本数据类型的定义及其使用

◎ C语言中运算符及表达式的使用

◎ C语言中运算符的优先级与结合性

本章评估		学习点拨
重 要 度	★★★	本章是C语言程序设计的基础，这部分内容的掌握情况会直接影响到后面章节的学习。 　　本章主要介绍不同数据类型的应用、运算符的种类及其优先级，以及不同的运算符所组成的表达式。其中，标识符合法性的判断、不同类型数据的定义、不同类型运算符的作用及其组成的表达式的执行过程是本章的重点内容。
知识类型	熟记和掌握	
考核类型	笔试+上机	
所占分值	笔试: 16分　上机: 5分	
学习时间	6课时	

本章学习流程图

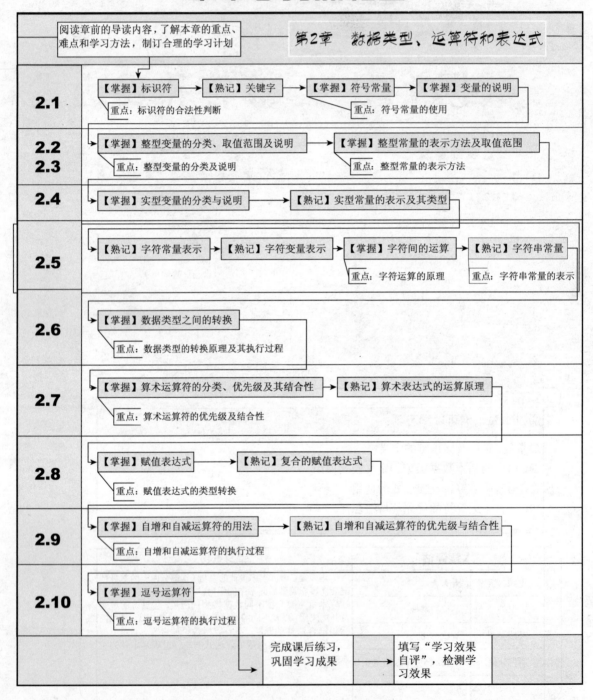

阅读章前的导读内容，了解本章的重点、难点和学习方法，制订合理的学习计划

第2章　数据类型、运算符和表达式

2.1
【掌握】标识符 → 【熟记】关键字 → 【掌握】符号常量 → 【掌握】变量的说明
重点：标识符的合法性判断
重点：符号常量的使用

2.2
2.3
【掌握】整型变量的分类、取值范围及说明 → 【掌握】整型常量的表示方法及取值范围
重点：整型变量的分类及说明
重点：整型常量的表示方法

2.4
【掌握】实型变量的分类与说明 → 【熟记】实型常量的表示及其类型

2.5
【熟记】字符常量表示 → 【熟记】字符变量表示 → 【掌握】字符间的运算 → 【熟记】字符串常量
重点：字符运算的原理
重点：字符串常量的表示

2.6
【掌握】数据类型之间的转换
重点：数据类型的转换原理及其执行过程

2.7
【掌握】算术运算符的分类、优先级及其结合性 → 【熟记】算术表达式的运算原理
重点：算术运算符的优先级及结合性

2.8
【掌握】赋值表达式 → 【熟记】复合的赋值表达式
重点：赋值表达式的类型转换

2.9
【掌握】自增和自减运算符的用法 → 【熟记】自增和自减运算符的优先级与结合性
重点：自增和自减运算符的执行过程

2.10
【掌握】逗号运算符
重点：逗号运算符的执行过程

完成课后练习，巩固学习成果 → 填写"学习效果自评"，检测学习效果

如果我们把C语言看成一座大厦，那么本章的知识点就是这座大厦的地基。也就是说，本章所讲解的知识点是学习C语言程序设计的基础，希望读者能够切实地掌握这些知识。

2.1　常量、变量和标识符

常量、变量和标识符，包括后面将要讲到的运算符是C语言程序中最小的组成单位，无论是多么复杂或是多么简单的，用C语言编写的程序都离不开这些基本要素。

2.1.1　标识符

学习提示

【理解】标识符是否合法的判断

简单地说，标识符就是一个名称，用来表示变量、常量、函数以及文件等名称。例如，我们每个人的姓名，就是每个人所对应的标识符。

合法的标识符由字母（大、小写均可）、数字和下划线组成，并且必须以字母或下划线开头。C语言是一种对大小写敏感的语言，所以abc、aBc和Abc是3种不同的标识符。

【例如】

_sun、Mouse、student23、Football、FOOTBALL都是合法的标识符。

23student、Foot-ball、s.com和b&c都是非法的标识符。

 请思考　？　为什么说以上标识符是非法的标识符？标识符能否用汉字表示？

2.1.2　关键字

学习提示

【熟记】C语言中的常用关键字

所谓关键字是指被C语言保留的，不能用作其他用途的一些标识符，它们在程序中都代表着固定的含义。例如，用来说明变量类型的标识符int、float以及if语句中的if、else等都已经有专门的用途，它们不能再用作变量或函数名。

2.1.3　常量

什么是常量呢？简单地说，在程序运行过程中，其值不能被改变的量称为常量。常量可以分为3类，即整型常量、实型常量和字符型常量，其中整型常量和实型常量又称为数值型常量。

● 整型常量：通常只用数字表示，不带小数点。
● 实型常量：通常用带小数点的数字表示。
● 字符型常量：通常用带有单引号的字符表示。

一般情况下，常量的类型可以通过书写形式来判断。

【例如】

1、2、12是整型常量，2.1、12.5、3.14是实型常量，'a'、'b'、'c'是字符型常量。

2.1.4 符号常量

学习提示

【掌握】符号常量的定义和使用

在C语言中,可以用一个标识符表示一个常量,称之为符号常量。符号常量是一种特殊的常量,其值和类型是通过符号常量的定义命令决定的。由于其较难理解,且是C语言中的重点,故我们就单独讲解它的相关知识。符号常量在使用之前必须先定义,其一般形式为:

#define 标识符 常量

【说明】

- #define是一条预处理命令,又被称为宏定义命令,其功能是把命令格式中的标识符定义为其后的常量值;
- 一经定义,以后在程序中所有出现该标识符的地方均以该常量值代之;
- 习惯上符号常量的标识符用大写字母表示,变量标识符用小写字母表示,以示区别;
- 用define进行定义时,必须用"#"号作为一行的开头,在#define命令行的最后不得加分号结束。

有关#define命令的作用,我们将在第10章中进行更深入的讲解,读者可以先按上述说明简单使用。

【例2-1】求边长为20的正方形的面积。

程序代码

```
#define LENGTH 20
#include<stdio.h>
void main()
{
  float s;
  s=LENGTH * LENGTH;
  printf("s=%f\n",s);
}
```

在主函数中,s被定义为float型,即实型;在主函数之前由宏定义命令定义LENGTH为20,程序执行过程中即以LENGTH代替20。即:

s= LENGTH * LENGTH等效于s=20*20。

在程序中,不能再用赋值语句对符号常量重新赋值,也就是说,在本例中不能再对LENGTH赋值。

请注意

①我们在使用符号常量时,一般要做到"见名知意",如上面的程序中LENGTH就是正方形的边长。
②使用符号常量的一个最大的好处就是能够帮我们做到"一改全改",例如,我们想知道另一个边长为10的正方形的面积,那么我们就可以只做如下改变:
　　#define LENGTH 10
这样就能够轻松达到目的。读者可以掌握这种程序设计的技巧,这种"一改全改"的属性对我们书写比较大的程序是非常有利的。

2.1.5 变量

学习提示

【熟记】变量的定义与初始化

什么是变量呢?简单地说,在程序执行过程中,其值可以被改变的量称为变量。例如,一元一次方程$y=12x+16$中,x称为自变量,y称为因变量,也就是说y会随着x的变化而变化,所以,方程中的x和y都是变量。

一个变量具有两个要素:变量名和变量值。每个变量都必须有一个名称,即变量名,变量的命名遵循标识符的命名规则。一个变量名实质上是代表了内存中的一个存储单元,该单元中存储的内容就是变量值。在程序执行的过程中,通过变量名来引用变量的值。

当我们使用C语言的各种变量时,都必须遵循一个原则,即"先说明,后使用"。这里的"说明"是指在使用变量前要明确变量的数据类型、存储类型和作用域,即变量的定义。存储类型和作用域属于较难的知识点,我们将在第8章介绍。

1. 变量的定义

一条变量定义语句由数据类型和其后的一个或多个变量名组成,其定义形式如下:

> **数据类型　变量名1[,变量名2,…];**

【说明】

> 我们把"变量名1,变量名2,…"称之为变量名表。变量名表可以是一个或多个标识符,也就是说我们可以同时定义相同数据类型的多个变量。
>
> 上述格式中的"[]"表示其中的内容是可选项,即可有可无,如果没有特殊说明,本书中出现的"[]"都表示这个含义。
>
> 数据类型与变量名之间至少用一个空格隔开。当定义多个变量时,每两个标识符名之间用","隔开。

【例如】

$$\underbrace{\text{int}}_{\text{数据类型}} \quad \underbrace{\text{name}}_{\text{变量名1}}, \quad \underbrace{\text{age}}_{\text{变量名2}};$$

习惯上,为了增加程序的可读性,变量名和函数名中的英文字母用小写。对应的标识符,我们还应该做到"见名知意"。例如,name(姓名)、age(年龄)、student(学生)和teacher(老师)等。

 请思考 ❓ 在C语言中,变量名total与变量名TOTAL、ToTaL、tOtAl等是同一个变量吗?

2. 变量的初始化

在定义变量之后,我们可以根据需要赋予它一个初始值,即变量的初始化。在定义变量的同时,也可以对变量进行初始化,它的一般形式如下:

> **数据类型　变量名1[=初值][,　变量名2[=初值2]…];**

【例如】

$$\underbrace{\text{float}}_{\text{数据类型}} \quad \underbrace{\text{price=2.5}}_{\text{赋初值的变量名1}}, \quad \underbrace{\text{length,area}}_{\text{未赋初值的变量名2和变量名3}};$$

2.2　数据类型

在第1章我们曾经介绍过:算法处理的对象是数据,而数据是以某种特定的形式存在的(如整数、实数、字符等形式)。

在讲解变量的定义及其初始化时,我们又多次提到过"数据类型",那么,什么是数据类型呢?

简单地说,数据类型就是程序给其使用的数据指定的某种数据组织形式,从字面上理解,就是对数据按类型进行分类。例如,我们可以把人分为男性和女性,那么性别就是一种数据类型。数据类型是按被说明数据的性质、表示形式、占据存储空间的多少、构造特点来划分的。在C语言中,数据类型可分为基本类型、构造类型、指针类型和空类型4大类，基本类型和构造类型又可以再分，如图2-1所示。

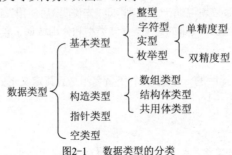

图2-1　数据类型的分类

下面将重点介绍整型、实型和字符型3种基本数据类型。由于指针类型和构造类型使用较少，而且比较难于理解，所以我们将这两部分内容安排在第9章和第11章进行介绍。

2.3　整型数据

在实际考试中，有时，我们会遇到这样的问题：求一些整数的某种运算结果，如计算1～100之间所有奇数的和，用C语言来实现的话，就要用到整型数据。整型数据包括整型变量和整型常量。

2.3.1　整型变量

1. 整型变量的分类

整型变量的基本类型说明符为int。由于不同的编译系统或计算机系统对整型变量所占用的字节数有不同的规定，因此根据在VC 6.0中各整型变量占用内存字节数的不同，可以将整型变量分为以下3类：

- 基本整型：用int表示，在内存中占4个字节；
- 短整型：用short int或short表示，在内存中占2个字节；
- 长整型：用long int或long表示，在内存中占4个字节。

为了增加变量的取值范围，还可以将变量定义为"无符号"型。以上3类都可以加上修饰符unsigned，以指定是"无符号数"。如果加上修饰符signed，则被指定为"有符号数"。如果既不指定unsigned，也不指定signed，则系统默认为有符号数（signed）。各种无符号类型量所占的内存空间字节数与相应的有符号类型量相同。但由于省去了符号位，故其不能表示负数。

2. 整型变量占用内存字节数与值域

上述各类型整型变量占用的内存字节数因系统而异。在VC 6.0中，一般用4个字节表示一个int型（基本整型）变量，用2个字节表示一个short型（短整型）变量，用4个字节表示一个long型（长整型）变量。

表2-1列出了各类整型量所分配的内存字节数及可以表示的数的取值范围。

表2-1　　　　　　　　　　　　　　　　整型变量的内存占用

类型说明符		取值范围		分配字节数
[signed]int	有符号基本整型	-2 147 483 648～2 147 483 647	即-2^{31}～$(2^{31}-1)$	4
unsigned [int]	无符号基本整型	0～4 294 967 295	即0～$(2^{32}-1)$	4
[signed] short [int]	有符号短整型	-32 768～32 767	即-2^{15}～$(2^{15}-1)$	2
unsigned short [int]	无符号短整型	0～65 535	即0～$(2^{16}-1)$	2
[signed]long [int]	有符号长整型	-2 147 483 648～2 147 483 647	即-2^{31}～$(2^{31}-1)$	4

续表

类型说明符		取 值 范 围		分配字节数
unsigned long [int]	无符号长整型	0～4 294 967 295	即0～(2^{32}−1)	4

方括号内的部分是可以不输入的。例如,signed int等价于int,所以,一般情况下signed都不输入。

3. 整型变量的定义

整型变量定义的一般形式为:

　　类型说明符　变量名1[,变量名2…];

【说明】

> 允许在一个类型说明符后说明多个相同类型的变量。类型说明符与变量名之间至少用一个空格隔开。当定义多个变量时,两个变量名之间用逗号隔开。
>
> 最后一个变量名之后必须以";"结尾。
>
> 变量说明必须放在变量使用之前,必须遵循"先定义,后使用"的原则,一般放在函数体的开头部分。

【例如】

　　int a,b,c;　　　　　　　　/*a,b,c为整型变量*/

　　long d,e;　　　　　　　　/*d,e为长整型变量*/

　　unsigned f,g;　　　　　　/*f,g为无符号整型变量*/

学习提示

【熟记】整型常量的表示方法

2.3.2　整型常量

整型常量即整常数。按不同的进制,整型常量有3种表示方法,分别是十进制数表示法、八进制数表示法和十六进制数表示法。

① 十进制数表示法。十进制整常量没有前缀,其数码为0～9。

【例如】237、–568、65 535和1627都是合法的十进制整常量。

② 八进制数表示法。八进制整常量以0作为前缀,其数码为0～7。

【例如】014(十进制为12)和0102(十进制为66)都是合法的八进制整常量。014表示八进制数14,即(14)$_8$,其值为$1×8^1+4×8^0$,等于十进制数12。

③ 十六进制数表示法。十六进制整常量以0X或0x作为前缀,其数码为0～9和A～F(或a～f)。

【例如】0X2A(十进制为42)、0XA0(十进制为160)和0XFFFF (十进制为65 535)都是合法的十六进制整常量。0X2A表示十六进制数2A,转换为十进制则是:(2A)$_{16}$=$2×16^1+A×16^0$=2×16+10×1=42。

程序中是根据前缀来区分各种进制数的,因此在书写常量时不要把前缀弄错,否则会出现不正确的结果。

在C程序中,只有十进制数可以是负数,而八进制和十六进制数只能是无符号数。

整型常量分为短整型(short int)、基本整型(int)、长整型(long int)和无符号型(unsigned)等不同类型。

 请注意 整型常量的无符号数也可用后缀U或u来表示。例如:358u,0x38Au,235Lu均为无符号数。前缀、后缀可同时使用以表示各种类型的数。如0XA5Lu表示十六进制无符号长整数A5,其十进制为165。

2.4 实型数据

当进行数据运算需要用到小数或指数时，用C语言来实现的话，就需要用到实型数据。

2.4.1 实型变量

学习提示

【熟记】实型变量的分类及其取值范围

1. 实型变量的分类

实型变量又称浮点型变量。C语言中的实型变量分为单精度（float）、双精度（double）和长双精度（long double）3种类型。在VC 6.0中实型变量所占字节数、有效位数及其取值范围见表2-2。

表2-2   实型数据

类　　型	所占字节数	有　效　位　数	取　值　范　围
float	4	6～7	$-3.4\times10^{-38}\sim3.4\times10^{38}$
double	8	15～16	$-1.7\times10^{-308}\sim1.7\times10^{308}$
long double	16	18～19	$-1.2\times10^{-4932}\sim1.7\times10^{4932}$

2. 实型变量的定义

实型变量定义的一般形式如下。

    类型说明符　变量名1[,变量名2,…];

【例如】

    float x,y;   /*x,y为单精度实型变量*/
    double a,b,c;   /*a,b,c为双精度实型变量*/

3. 实型变量的舍入处理

由于实型变量也是用有限的存储单元存储的，所以能够接受的有效数字的位数也是有限的。有效位数以外的位数将被舍去。请看下面的例子：

【例2-2】实型变量的舍入处理。

程序代码

```
#include<stdio.h>
void main()
{
    float fa;                  /*定义了单精度浮点型变量fa */
    double db;                 /*定义了双精度浮点型变量db */
    fa =11111.11111;
    db =11111.111111111111111; /*分别对两个浮点型变量赋初值*/
    printf("%f\n%f\n", fa, db); /*输出两个浮点型变量的值*/
}
```

此程序的输出结果为：

    fa=11111.11;

    db=11111.111111;

对本实例的结果分析如下所述。

fa是单精度浮点型的变量，有效位数（有效位数是指整数部分和小数部分的总位数）只有7位。而整数部分已占5位，故小数点后2位之后的数均为无效数字。

db是双精度浮点型的变量，有效位数为16位。但VC 6.0规定小数后最多保留6位，其余部分舍去。

2.4.2 实型常量

学习提示

【熟记】实型常量的表示方法

1. 实型常量的表示

实型常量即不包括整数的实数，在C语言中又称浮点数。浮点数均为有符号浮点数，没有无符号浮点数。其值有两种表达形式，分别为十进制小数形式和指数形式。

（1）十进制小数形式

由数字和小数组成，必须有小数点，且小数点的位置不受限制。

【例如】

3.1425、0.123、300.和.123都是合法的小数。

（2）指数形式

由十进制数加阶码标志"e"或"E"以及阶码（只能为整数，可以带符号）组成。其一般形式为：

尾数E(e) 整型指数

【说明】

"尾数"是一个小数形式的实型常量；E或e是指数形式的标识，又称阶码标识；"整型指数"说明了指数的大小，又称阶码，而且必须是整数。

【例如】

6.0E6或者6.0e6是合法的实型数据，表示$6.0×10^6$。

123（无小数点）、E79（阶码标志E之前无数字）、–5（无阶码标识）和2.7E（无阶码）是不合法的实型数据。

一个实数可以有多种指数表示形式。如11.34可以表示为11.34e0、1.134e1、0.1134e2和0.1134e02等。我们把其中的1.134e1称为"规范化的指数形式"，即在字母e（或E）之前的小数部分中，小数点左边应有一位（且只能有一位）非零的数字。

C语言允许浮点数使用后缀。后缀为"f"或"F"即表示该数为浮点数。如123f和123.是等价的。

2. 实型常量的类型

实型常量又分float（单精度）型和double（双精度）型。一个实型常量，可以赋给一个实型变量（float型或double型）。

【例如】

float a;   /*这里制定a为单精度实型变量*/

a=5555.5555;

由于float型变量只能接受7位有效数字，因此最后一位小数不起作用。

请思考　❓　做怎样的变化才能使上面的8位数字都能够存储在变量a中?

2.5　字符型数据

前面讲解的整型和实型与数学计算密切相关。C语言还提供了字符型数据来处理文本信息,例如,对一篇英文文章按字母的某一顺序进行排序,将某一文件中所有字符的ASCII码值加上10等。字符型数据就是用来表示英文字母、符号和汉字的数据。

2.5.1　字符变量

字符变量的类型说明符是char。其定义的一般形式如下:

　　char 变量名1[, 变量名2, …];

【例如】char c1,c2;c1='a';c2='b';

这样就定义了两个字符型的变量c1和c2,并分别赋值为字符型常量'a'和'b'。

【说明】

字符值是以ASCII码值的形式存放在变量的内存单元之中的。如'a'的十进制ASCII码值是97, 'b'的十进制ASCII码值是98。对字符变量c1赋予'a'值,即"c1='a';",实际上是在相应的存储单元中存放97的二进制代码:

c1 00100001

在VC 6.0中字符型数据占1字节,因此字符型变量的值实质上是一个8位的整数值,取值范围一般是−128～127,char型变量也可以加修饰符unsigned, unsigned char型变量的取值范围是0～255。

2.5.2　字符常量

学习提示

【理解】转义字符的形式及功能

什么是字符常量呢?从表现形式上来说,就是用一对单引号括起来的单个字符。

【例如】

'a', 'b', '#', '+'都是合法的字符常量。

【说明】

在使用字符常量的时候应该注意,字符常量只能用单引号括起来,不能用双引号或其他符号。

字符可以是字符集中任意字符,也就是说数字加上单引号就成为字符了。如'1'和1是不同的,'1'是字符常量,1是数值常量。

对于字符型数据的表示,除了可以直接用单引号来表示以外,如'a', '0', 'A',也可以用该字符的ASCII码值表示,例如十进制数65表示大写字母'A'。

除了以上形式的字符常量外,C语言还允许使用一种以特殊形式出现的字符常量,以表示某些非图形字符,这就是以"\"开头的转义字符序列。在前面章节中,我们曾使用"\n"来表示换行。"\n"实际上是一个字符,它的ASCII码值是10。常见的以"\"开头的转义字符见表2-3。

表2-3 转义字符表

字 符 形 式	功 能	十进制ASCII码值
\n	换行	10
\t	水平制表(下一个Tab键的位置)	9
\b	退格	8
\v	空操作	0
\r	回车	13
\f	换页	12
\\	反斜线\	92
\'	单引号'	39
\"	双引号"	34

【例2-3】转义字符的使用。

程序代码

```
#include<stdio.h>
void main()
{
    int a,b,c;                    /*定义了3个整型变量*/
    a=0;
    b=1;
    c=2;                          /*分别对单个整型变量赋初值*/
    printf("%d\n\t%d-%d\n>>%d-%d\t\b%d\n",a,b,c,a,b,c);
                                  /*输出3个整型变量的值*/
}
```

根据 "printf("%d\n\t%d-%d\n>>%d-%d\t\b%d\n",a,b,c,a,b,c);" 语句,并结合表2-3,一起来分析程序的输出结果:

● 程序在第1列输出a值0之后遇到转义字符 "\n",回车换行;

● 接着遇到转义字符 "\t",于是跳到下一制表位置,再输出b值1;

● 然后输出一个字符 "-",紧接着再输出c值2;

● 又遇到转义字符 "\n",因此再回车换行;

● 输出两个 ">" 字符之后又输出a值0;

● 再输出字符 "-" 又输出b的值1;

● 再次遇到转义字符 "\t",跳到下一制表位置,但下一转义字符 "\b" 又使退回一格,最后输出c值2。

程序的输出结果如下:

```
    0
            1-2
>>>0-1  2
```

请注意 字符变量的取值是字符常量,也就是说字符变量用于存放一个字符常量(切记,不要以为在一个字符型变量中可以存放一个字符串,即包括若干个字符)。

2.5.3 字符型数据的运算

【理解】字符型数据的运算原理

C语言把字符型数据当作一个较小的整型数据,我们可以像使用整型量一样使用它,下面来看一个例子。

【例2-4】对字符变量的运算。

程序代码

```c
#include<stdio.h>
void main()
{
    char c1='a';
        /*定义一个字符变量c1,并且初始化为字符常量'a'*/
    char  c2;                  /*定义一个字符变量c2*/
    c2=c1+('a'-'A');
    printf("%c\n",c2);          /*输出字符变量c2*/
}
```

分析程序可知,程序中的'a'-'A'是大小写字母之间的差值,参加运算的是两个字符所对应的ASCII码值"97"和"65",故运算结果为32。也可以把语句写成c2=c1+32;,效果是一样的。最终程序的运行结果是输出字符'A'。

C语言允许对整型变量赋予字符值,也允许对字符变量赋予整型值。在输出时,可以把字符变量按整型量输出,也可以把整型量按字符量输出。

【例如】printf("%d",'A');

则运行结果为65,即输出的是字符'A'的ASCII码值。

2.5.4 字符串常量

C语言除了允许使用字符常量外,还允许使用字符串常量。字符串常量是用一对双撇号("")括起来的零个或多个字符的序列。如:

"CHINA"和"0123456789"都是字符串常量。

在存储字符串常量时,由系统在字符串的末尾自动加一个"\0"作为字符串的结束标志。

如果有一个字符串为"CHINA",则它在内存中的实际存储如图2-2所示。

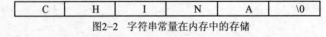

图2-2　字符串常量在内存中的存储

最后一个字符"\0"是系统自动加上的,即字符串"CHINA"占用了6个字节的内存空间。

有很多人不能理解'a'和"a"的区别,那是因为他们不能正确理解字符常量和字符串常量的区别。下面我们就从表示方法、内存中的存储方式等方面来对二者进行比较。

字符常量使用单引号,而字符串常量使用双引号。例如,'a'表示的是字符常量,而"a"则表示的是只有一个字符长度的字符串常量。

二者在内存中的存储也不同,字符常量存储的是字符的ASCII码值,而字符串常量,除了要存储有效的字符外,还要存储一个"字符串结束标志('\0')",以便系统判断字符串是否结束。例如,字符常量'a'在内存中占一个字节,其存储形式如图2-3所示。

<table>
<tr><td>a</td></tr>
</table>

<table>
<tr><td>a</td><td>\0</td></tr>
</table>

图2-3　字符常量在内存中的存储　　　　图2-4　字符串常量在内存中的存储

而字符串常量占用的字节数是字符串的总长度加1。额外增加的一个字节用于存放字符"\0"。其在内存中的存储形式如图2-4所示。

在实际应用时，可以把一个字符常量赋予一个字符型变量，但不能把一个字符串常量赋予一个字符变量。在C语言中没有相应的字符串变量。但是可以用一个字符数组来存放一个字符串常量。我们将在数组一章介绍字符数组。

2.6　不同数据类型之间的转换

如果一个运算符两边的运算数类型不同，那么，要先将其转换为相同的类型，即较低类型转换为较高类型，然后再参加运算，此过程由编译系统自动完成。这种转换又可以分为两种不同的情况。

① 当运算符两边是不同精度同一种数据类型时，编译器进行同一类型间的转换。

【例如】

```
float a;
float b;
double c;
c=a+b;
```

学习提示

【理解】数据的自动转换和强制转换

【说明】

这时进行的就是浮点型之间的转换。虽然它们类型相同，但仍要先转成double型，再进行运算，结果亦为double型（注意，在VC 6.0中，所有的float类型数据在运算中都自动转换成double型数据）。所以对于浮点型数据的转换方向可以描述为：

float->double

这表示float类型向double类型的转换。同样我们也可以将整型数据之间的转换方向描述为：

short->int->long

即如果一个long型数据与一个int型数据一起运算，需要先将int型数据转换为long型数据，然后两者再进行运算，结果为long型数据。

② 参与运算的运算数类型不同，则先将它们转换成同一种类型，然后进行运算。转换方向可以描述为：

int->doube(float)

即当整型数据与浮点型数据进行运算的时候，往往是整型数据向浮点型数据转换。

在赋值运算中，赋值号两边运算数的数据类型不同时，赋值号右边运算数的类型将转换为左边运算数的类型。

【例2-5】根据圆的半径求圆的面积。

程序代码

```
#include<stdio.h>
void main()
{
    float pi=3.14;            /*定义一个浮点型的变量,并初始化*/
    int s,r=5;                /*定义两个整型变量,分别表示圆的半径和面积*/
    s=r*r* pi;                /*求圆的面积*/
    printf("s=%d\n",s);       /*输出圆的面积*/
}
```

让我们来分析一下本程序的输出结果的类型。

- pi为浮点型数据；s、r为整型数据；
- 在执行s=r*r*pi语句时，r和pi都转换成实型进行计算，结果仍为实型；
- 由于s为整型，因此赋值结果仍为整型，会舍去小数部分。

所有这些转换都是由系统自动进行的，使用时只需从中了解结果的类型即可。

另一方面，C语言也提供了强制类型转换的机制，其一般形式为：

　　(类型说明符)(表达式)

【说明】

这种类型转换的效果是把表达式的类型强制转换为要求的类型，而不管类型的高低。其中"类型说明符"指明了要求转换的目标类型；"表达式"指明了要强制转换的表达式。

需转换的表达式如果不是单个的变量，则要用括号将其括起来，如(int)(x+y)与(int)x+y是不同的，后者相当于(int)(x)+y，也就是说，只将x转换成整型，然后与y相加。无论是强制转换或是自动转换，都不会改变数据说明时对该变量定义的类型。

【例如】

　　(double)a

　　(int)(x+y)

前者是将a转换成double型，而不管a先前是什么类型的数据。后者的效果是将x+y的结果转换为int型，不论x和y是何种类型的数据。

请注意　　①字符型数据向整型数据转换时，实质上是将字符型数据转换成与该字符对应的十进制ASCII码值。
②在进行赋值运算时，实质上是将运算符右边的数据类型强制转换成运算符左边的数据类型。

【例2-6】强制类型转换。

程序代码

```
#include<stdio.h>
void main()
{
    float f=1.2345;           /*定义一个浮点型的变量f,并初始化1.2345*/
    int a;                    /*定义一个整型的变量*/
    a=(int)f;                 /*将浮点型变量强制转化为整型值*/
    printf("a=%d,f=%f\n",a,f);  /*输出整型变量a和浮点型变量f的值*/
}
```

本程序的输出结果是：a=1,f=1.234500。

分析程序可知：

① 本例中首先将f强制转换成int类型，然后赋值给变量a，所以a的值是1；

② f虽然强制转为int型，但只在运算中起作用，而f本身的类型并不改变，f的值仍为1.2345。

2.7　算术运算符和算术表达式

C语言的运算符可以分为算术运算符、关系运算符、逻辑运算符、赋值运算符、条件运算符和逗号运算符等7类，本节主要介绍算术运算符及其表达式，其他类型的运算符将在以后的章节中陆续介绍。

2.7.1 算术运算符

学习提示

【理解】算术运算符的优先级与结合性

算术运算符主要用于各类数值运算。本小节将从运算符的种类、优先级和结合性3个方面介绍算术运算符的特点和使用。

1. 算术运算符的分类

按照算术运算符的性质，可以将算术运算符分为加（+）、减（−）、乘（*）、除（/）、求余（或称模运算，%）、自增（++）、自减（−−）7种。按照参与运算的运算数的个数，可以将算术运算符分为单目运算符和双目运算符。算术运算符的分类见表2−4。

表2−4　　　　　　　　　　　　　算术运算符的分类

名　称	运　算　符	运算规则	运　算　对　象	运　算　结　果	类　别
加	+	加法	整型或浮点型	整型或浮点型	双目
减	−	减法	整型或浮点型	整型或浮点型	双目
乘	*	乘法	整型或浮点型	整型或浮点型	双目
除	\	除法	整型或浮点型	整型或浮点型	双目
负	−	取负值	整型或浮点型	整型或浮点型	单目
模	%	取余	整型	整型	双目
自增1	++	自增1	整型	整型	单目
自减1	−−	自减1	整型	整型	单目

其中+、−（加、减法运算符）、*、\（乘、除法运算符）和%（模运算符）都是双目运算符，即它们在参与运算时，左右各需要一个运算数。而−（减法运算符）既是双目运算符，又是单目运行符，当作为双目运算符时表示两个数的差，而作为单目运行符时，只需要后跟一个运算对象，表示取它的负值。自增（++）、自减（−−）也是单目运算符，在后面的章节中将详细介绍。

【说明】

符号"*"表示乘法，在C语言中不能用数学中习惯的"×"或"."号表示乘，也不能省略，如2*x不能写作2x。

符号"/"表示除法，需要说明的是，两个整数相除的结果为整数，如5/2结果为2，舍去小数部分。但是，如果除数或被除数中有一个为负值，则舍入的方向是"向零取整"，即5/2为2，−5/2或5/−2的结果为−2。

符号"%"，表示求模运算，要求两侧的操作数均为整型数据，即两个数相除的余数，运算结果也是整数，如"5%2"的结果为1。

2. 算术运算符的优先级和结合型

C语言规定了运算符的优先级与结合性。在对表达式求值时，先按运算符的优先级别高低次序执行，如果一个运算对象两侧的运算符的优先级别相同，则按规定的"结合方向"处理。

通常，算术运算符的优先级是取负值运算符>乘除运算符>加减运算符。这里需要特别指出的是，圆括号可用来改变优先级，也就是说圆括号的运算级别最高。

【例如】

1+2*3的运算结果是7，（1+2）*3的运算结果是9。

圆括号的这种特性不仅适用于算术运算符，而且对其他的运算符也是适用的。所以，在使用C语言的时候可以灵活运用圆括号来得到想要的优先级顺序。

所谓结合性是指当一个操作对象两侧的运算符具有相同的优先级时，该操作对象是先与左边的运算符结合，还是先与右边的运算符结合。C语言中各运算符的结合性分为两种，即左结合性（自左至右）和右结合性（自右至左）。

左结合性是指某一个运算对象先与左边的运算符相结合,再将运算结果与右边的运算符相结合。同理,我们可以知道右结合性的结合方向。

【例如】表达式"x–y+z"的计算顺序是:y应先与"–"号结合,执行"x–y"运算,然后再执行"+z"的运算。

【例如】x=y=z;

【说明】

由于"="具有右结合性,可以先执行y=z再执行x=(y=z)运算。C语言运算符中有不少具有右结合性,应注意区别,以避免理解错误。

 请注意 结合性是C语言所独有的概念。除单目运算符、赋值运算符和条件运算符是右结合性外,其他运算都是左结合性。

2.7.2　算术表达式

学习提示

【理解】算术运算符的优先级与结合性

用运算符和括号将运算对象(常量、变量和函数等)连接起来的、符合C语言语法规则的式子,称为表达式。算术表达式有3个要素,分别是运算对象(常量、变量、函数等)、圆括号和算术运算符。

一个常量、一个变量(已被赋值)都是合法的表达式,如1、0、x等。简单的表达式还可以加上圆括号或者有运算符进行连接构成新的表达式。

【例如】

–x、1+x、(–x)、(1+x)都是合法的算术表达式,(–x)*(1+x)又构成了新的表达式。

【说明】

C语言表达式中的所有标识符必须写在一行,没有分式,也没有上下标,如数学表达式:$\frac{a+b}{c+d}$,需要写成 (a+b)/(c+d),这里括号是不可缺少的。如没有括号,实际上就变成了a+ (b/c) +d。

了解了算术运算符的优先级和结合方向以后,我们再来分析一下表达式–x*(–y+4)/a–1的求值过程:

(1) 求表达式"–x"的值;

(2) 求表达式"–y"的值;

(3) 求表达式"–y+4"的值;

(4) 求表达式"(1)"*"(3)"的值;

(5) 求"(4)/a"的值;

(6) 求"(5)–1"的值。

从这个小例子可以看出,C表达式的本质是一个值。因此,表达式可以出现在数值能够出现的任何地方,这也意味着,如果表达式中有变量,则变量在被引用之前,必须已被赋值。

2.8　赋值运算符和赋值表达式

赋值运算符和赋值表达式是C语言的一种基本的运算符和表达式。赋值表达式的作用就是设置变量的值。实际上是将特定的值写到变量所对应的内存单元中去。

2.8.1　赋值运算符和赋值表达式

　　C语言中的赋值运算符是"＝"，它的功能是把其右侧表达式的值赋给左侧的变量。由"＝"连接的式子称为赋值表达式。其一般形式为：

　　　　变量=表达式

　　【例如】

　　　　int x,y;　　　/*首先定义整型的变量x和y*/

　　　　x=2;　　　　/*把常量2赋给变量x*/

　　　　y=x+2;　　　/*计算x+2的值，并赋给变量y，变量x本身的值不变*/

　　【说明】

　　(1)赋值运算符具有右结合性

　　【例如】

　　　　a=b=c=5;　　　　/*对3个变量a,b,c进行赋值*/

　　由于赋值运算符的右结合性，此赋值表达式等价于：

　　　　a=(b=(c=5));

　　(2)凡是表达式可以出现的地方均可出现赋值表达式

　　【例如】

　　　　x=(y=1)+(z=2);

　　让我们一起来分析一下这个表达式：

①把1赋给变量y，不要忘记圆括号的优先级是最高的；

②把2赋给变量z；

③求y+z的值，即1+2的值等于3；

④将③求得的值赋给x，所以x的值应该是3。

　　(3)赋值运算符"＝"左边必须是变量名

　　【例如】

　　　　int a,b;

　　　　(a+b)=1;

　　　　(a−3)=5;

　　这类表达式就是非法的，也就是说，我们不能对表达式赋值(除了表示指针的表达式)。

　　如果赋值运算符两边的数据类型不相同，系统将自动进行类型转换，转换的规则是：把赋值运算符右边表达式的类型转换为左边变量的类型。具体规定如下所述。

　　(1)浮点型赋予整型

　　赋值原则是舍弃浮点数的小数部分，只保留整数部分。

　　(2)整型赋予实型

　　赋值原则是数值不变，但将以浮点形式表示，即增加小数部分，小数部分用0表示。

　　(3)字符型赋予整型

　　赋值原则是将字符所对应的ASCII码值赋予整型数据。

　　(4)整型赋予字符型

　　赋值原则是把整型数据赋予字符型数据，赋值后的字符型数据的值就是该整数ASCII码值所对应的字符。

　　(5)单、双精度浮点型之间的赋值

　　C语言中的浮点值总是用双精度表示的，如果将float类型的变量赋予double类型的变量，只是在float型数据尾部加0延长为double型数据参加运算，然后直接赋值。如果将double型数据转换为float型时，通过截尾数来实现，截断前要进行四舍五入操作。

2.8.2　复合的赋值表达式

　　所谓复合的赋值表达式就是在赋值运算符之前加上其他的运算符而构成的表达式。复合赋值表达式的一般形式是：

　　　　变量operater=表达式

它等价于：

　　变量=变量operater(表达式)

【说明】

- operater代表赋值或其他运算符。
- operater与"="构成复合的赋值运算符。与算术运算符有关的常用的复合运算符有"+="、"-="、"*="、"/="和"%="。

【例如】a+=2

该表达式等价于"a=a+2"，其含义是把a的值加上2，然后再赋给a。与"+="类似，"a-=2"等价于"a=a-2"，其含义是把a的值减去2，然后再赋给a。依次类推，"a*=2"等价于"a=a*2"，其含义是把a的值乘以2，然后再赋给a；"a/=2"等价于"a=a/2"，其含义是把a的值除以2，然后再赋给a；"a%=2"等价于"a=a%2"，其含义是把a的值模2，然后再赋给a。

复合的赋值运算符的优先级与赋值运算符的优先级是相同的，它们的优先级要比算术运算符的优先级低，并且，复合的赋值运算符与赋值运算符具有相同的结合性，即自右向左。

【例2-7】分析下列程序的结果。

● 程序代码

```
#include<stdio.h>
void main()
{
    int a=1;
    a+=a-=a+a;
    printf("%d\n", a);
}
```

程序的运行结果是：

　　-2

让我们来分析一下程序的执行过程：

① 因为复合赋值运算符的结合性是自右向左的，所以先计算a+a的值，即为2；

② 计算a-= ①的值，即a=a-2，为-1。需要特别注意的是，经过①的运算a的值并没有改变，仍是初值1。这时a的值就变成了-1；

③ 计算a+= ②的值，即a=a+ (-1)，注意在②的运算中a的值是-1。所以，此时a的值是 (-2)。

所以最终屏幕上显示的a的值是 (-2)。

2.9　自增和自减运算符

自增1运算符记为"++"，其功能是使变量的值自动加1，如"a++"或"++a"，它们的运算结果就是a=a+1。自减1运算符记为"--"，其功能是使变量值自动减1。如"a--"或"--a"，它们的运算结果就是a=a-1。

1. 自增和自减运算符的两种用法

（1）前置运算

运算符放在变量之前，如"++a"和"--a"，其中a是一个变量。这种方式的运算规则是先使变量的值增（或减）1，然后再以变化后表达式的值参与其他运算。

学习提示

【理解】自增和自减运算符的运算原理

（2）后置运算

运算符放在变量之后，如"a++"和"--a"，其中*a*是一个变量。这种方式的运算规则是变量先参与其他运算，然后再使变量的值增（或减）1。

这两种用法有一个共同特点，即变量的值都会在运算后发生变化。

【例2-8】前置运算和后置运算。

```
程序代码
```

```
#include<stdio.h>
void main()
{
    int a;
    a=5;
    printf("a=%d\n",++a);
    printf("a=%d\n",a++);
    printf("a=%d\n",a);
}
```

程序的运行结果是：

     a=6

     a=6

     a=7

让我们来分析一下程序的执行过程：

● 对于表达式++a来说，由于前置运算的规则是先增1后运算，所以，先执行a=a+1，即此时*a*的值变成了6，并将该值输出至屏幕；

● 对于表达式a++来说，由于后置运算的规则是先运算后增1，所以，程序是先执行printf语句，将*a*的值输出到屏幕，即*a*的值还是6。然后再执行a=a+1，这时*a*的值是7；

● 最后一条语句将上面*a*的最终值显示在屏幕上。

2．自增和自减运算符的优先级与结合性

自增1、自减1运算符均为单目运算，都具有右结合性。并且它们优先级比"*"、"%"和"/"都要高。通过实例2-9可以测试自增和自减运算符的优先级。

【例2-9】自增和自减运算符的优先级与结合性。

```
程序代码
```

```
#include<stdio.h>
void main()
{
    int a,b;
    a=1;
    b=(a++)+(a++);
    printf("a=%d\n", a);
    printf("b=%d\n", b);
}
```

显示此程序的运算结果：

     a=3

b=2

让我们来分析一下程序的执行过程：

● 从上述内容的讲解中我们可以知道，表达式b=(a++)+(a++)应理解为两个a相加，故b值为2；

● 然后a再自增两次，a的最后值为3。

请思考 如果将程序中的b=(a++)+(a++)变换为b=(++a)+(++a)，结果又是怎样的呢？

3. 自增和自减运算符的其他说明

自增和自减运算，常用于循环语句中，使循环控制变量加（或减）1，以及指针变量中，使指针指向下（或上）移动一个位置。

自增和自减运算符，不能用于常量和表达式。如1++、--(x+y)等都是非法的。

请注意 "++"和"--"运算符在与其他运算符连用时，为了避免产生误解，最好采用大家都能理解的写法，如不要写成"i+++j"的形式，而应写成"(i++)+j"或i+(++j)。

2.10　逗号运算符和逗号表达式

逗号运算符就是我们常用的逗号","操作符，又称为"顺序求值运算符"。用它把多个表达式连接起来就形成了逗号表达式。其一般形式是：

学习提示

【理解】逗号运算符的运算原理

表达式1,表达式2[,表达式3,…,表达式n]

【说明】

逗号表达式的计算过程是从左到右逐个求每个表达式的值，取最右边一个表达式的值作为该逗号表达式的值。如逗号表达式：
a=2*3,a*5

对于此表达式的执行过程，读者可能会有两种不同的理解：一种认为"2*3,a*5"是一个逗号表达式，先求出此逗号表达式的值，如果a的值为8，则该表达式的值为40，将40赋给a，因此最后a的值为40。另一种认为"a=2*3"是一个赋值表达式，"a*5"是另一个表达式，二者用逗号相连，构成一个逗号表达式。

我们可以一起来分析一下，由附录3可知，逗号运算符的优先级最低，因此第2种理解才是对的。经计算后得知，整个逗号表达式的值为30。

一个逗号表达式可以与另一个表达式组成一个新的逗号表达式。

【例2-10】逗号表达式的求值。

● 程序代码

```
main()
{
    int i,j;
    i=1;
    j=(i++,i+3);
    printf("i=%d,j=%d\n",i,j);
}
```

程序的运算结果是:

    i=2, j=5

我们来分析一下程序的执行过程:

语句"j=(i++,i+3,i−1);"的执行顺序是,首先求i++,也就是i=i+1,求得i值为2,然后求i+3,结果为5,最后把5作为逗号表达式的值赋给变量j。

课后总复习

一、选择题

1. 在C语言中,下列不合法的实型数据是( )。

  A) 0.123   B) 123e3   C) 2.1e3.5   D) 789.0

2. 下列不能表示用户标识符的是( )。

  A) Main   B) _0   C) _int   D) sizeof

3. 下列选项中,不能作为合法常量的是( )。

  A) 1.234e04   B) 1.234e0.4   C) 1.234e+4   D) 1.234e0

4. 有以下定义语句:

    double a,b;

    int w; long c;

若各变量已正确赋值,则下列选择中正确的表达式是( )。

  A) a=a+b=b++   B) w%((int)a+b)   C) (c+w)%(int)a   D) w=a==b

5. 设有声明语句char a='\72';则变量a ( )。

  A) 包含1个字符   B) 包含2个字符   C) 包含3个字符   D) 声明不合法

6. 数字字符0的ASCII值为48,运行以下程序的输出结果是( )。

```
main()
{
    char a='1', b='2';
```
```
    printf("%c,", b++);
    printf("%d\n", b-a);
}
```

  A) 3, 2   B) 50,2   C) 2, 2   D) 2, 50

7. 以下程序运行的输出结果是( )。

```
main()
{
    int m=12, n=34;
```
```
    printf("%d%d", m++,++n);
    printf("%d%d\n",n++,++m);
}
```

  A) 12353514   B) 12353513   C) 12343514   D) 12343513

8. 有定义语句int b; char c[10];,则正确的输入语句是( )。

  A) scanf("%d%s",&b,&c);   B) scanf("%d%s",&b,c);

  C) scanf("%d%s",b,c);   D) scanf("%d%s",b,&c);

9. 以下能正确定义且赋初值的语句是( )。

  A) int nl=n2=10;   B) char c=32;   C) float f=f+1.1;   D) double x=12.3E2.5;

二、填空题

1. 以下程序运行后的输出结果是____。

```
    main()                                    printf("%X\n",x);
    {                                     }
        int x=0210;
```

2. 已知字母A的ASCII码值为65，以下程序运行后的输出结果是____。

```
    main()
    {
        char  a,b;                            b=a+'6'-'2';
        a='A'+'5'-'3';                        printf("%d  %c\n",a,b);
                                          }
```

3. 以下程序运行后的输出结果是____。

```
    main()
    {
        char c1,c2;                           printf("%c%c",c1,c2);
        for(c1='0',c2='9';c1<c2;c1++,c2--);   printf("\n");
                                          }
```

4. 以下程序的输出结果是____。

```
    main()
    {                                         int b;
        unsigned short a=65536;               printf("%d\n", b=a);
                                          }
```

5. 若有定义：int a=10,b=9,c=8；，按顺序执行下列语句，变量b中的值是____。

```
    c=(a-=(b-5));
    c=(a%11)+(b=3);
```

学习效果自评

本章主要介绍了C语言的数据类型、运算符及基本表达式。

C语言的数据类型包括基本类型、构造类型、指针类型和空类型。掌握每一种数据类型对应的变量的分类、取值范围及其定义方法，每一种数据类型对应的变量的表示方法和取值范围。

读者要熟练掌握运算符的优先级与结合性。

读者在平时编程过程中要灵活地、正确地使用自增和自减运算符，并且也要注意逗号表达式的正确使用。

下表是对本章的考核知识点的一个小结，大家可以检查自己对这些知识点的掌握情况。

掌握内容	重要程度	掌握要求	自评结果		
标识符	★★★★	能够正确判断一个标识符的合法性	□不懂	□一般	□没问题
关键字	★★	能够熟记C语言的关键字	□不懂	□一般	□没问题
常量	★	能够熟练掌握符号常量的用法	□不懂	□一般	□没问题
变量	★★★	能够掌握变量的定义方法	□不懂	□一般	□没问题
整型数据	★★★	整型变量的说明符及其取值范围	□不懂	□一般	□没问题
	★★★	整型常量的表示及其取值范围	□不懂	□一般	□没问题
实型数据	★★★	实型变量的说明符及其取值范围	□不懂	□一般	□没问题
	★★★	整型常量的表示	□不懂	□一般	□没问题
字符型数据	★★★	字符型常量的表示形式，了解常用转义字符	□不懂	□一般	□没问题
算术运算符及表达式	★★★★	算术运算符的分类及其优先级	□不懂	□一般	□没问题
赋值运算符及表达式	★★★	赋值运算符的结合性	□不懂	□一般	□没问题
自增和自减运算符	★★★★	运算符的用法，前置和后置运算的区别	□不懂	□一般	□没问题
逗号运算符	★★	逗号表达式的执行过程	□不懂	□一般	□没问题

▶▶▶ NCRE 网络课堂　http://www.eduexam.cn/netschool/C.html

教程网络课堂——C语言关键字和标识符

教程网络课堂——运算符与优先级、表达式

第3章
顺序结构程序设计

 视 频 课 堂

第1课 | 顺序程序设计
●C语句分类
●数据输入函数scanf
●数据输出函数printf

○ 章前导读

通过本章，你可以学习到：

◎顺序结构程序的基本组成和执行原理

◎数据的输入和输出

◎简单的顺序结构程序的设计

本章评估		学习点拨
重 要 度	★★★	顺序结构是C语言程序控制结构中最简单的一种，同时也是用C语言进行程序设计的基础。
知识类型	熟记和掌握	在学习本章内容之前，读者必须掌握C程序的基本构成及其书写格式，以及常量、变量、运算符及表达式等构成程序的基本成分。
考核类型	笔试+上机	其中，scanf的调用格式、printf的调用格式是本章的重点，读者尤其要关注它们在实际中的应用。
所占分值	笔试: 7分　上机: 15分	读者可根据学习流程图学习本章，最后要注意结合第7小节的内容加深对前面内容的理解，对于难理解的地方可看光盘中多媒体课堂的内容。
学习时间	4课时	

本章学习流程图

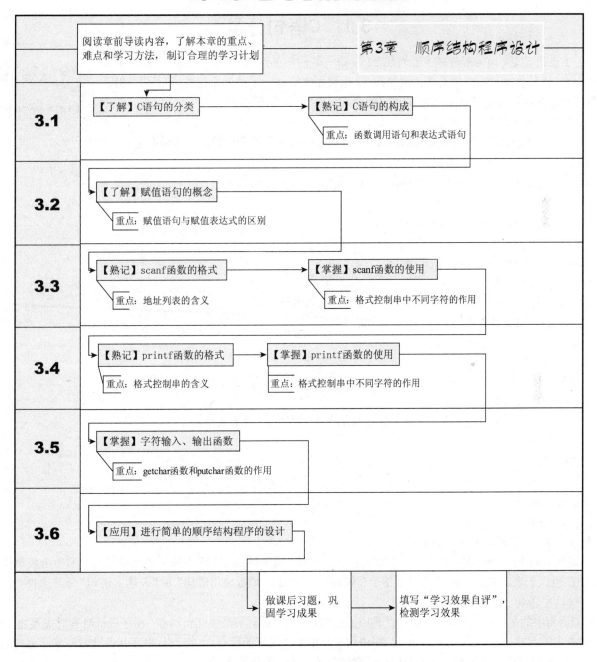

阅读章前导读内容，了解本章的重点、难点和学习方法，制订合理的学习计划

第3章　顺序结构程序设计

3.1

【了解】C语句的分类 → 【熟记】C语句的构成

　重点：函数调用语句和表达式语句

3.2

【了解】赋值语句的概念

　重点：赋值语句与赋值表达式的区别

3.3

【熟记】scanf函数的格式 → 【掌握】scanf函数的使用

　重点：地址列表的含义　　重点：格式控制串中不同字符的作用

3.4

【熟记】printf函数的格式 → 【掌握】printf函数的使用

　重点：格式控制串的含义　重点：格式控制串中不同字符的作用

3.5

【掌握】字符输入、输出函数

　重点：getchar函数和putchar函数的作用

3.6

【应用】进行简单的顺序结构程序的设计

做课后习题，巩固学习成果 → 填写"学习效果自评"，检测学习效果

顺序结构是最简单的程序控制结构,它是一种线性结构,即按程序中语句出现的先后顺序逐条执行语句。

顺序结构程序中的语句是任何简单或复杂程序主体的基本结构,主要是由赋值语句和输入输出语句等组成的。

3.1　C语句分类

一条条语句是一个C程序的主要表现形式,每一条语句都是用户向计算机发出的一条完整的指令,语句经编译后产生若干条机器指令,最终用来完成一定的操作任务。在C语言里,一条语句是在结尾处用分号结束的。C语言的语句可以分为5类。

学习提示

【掌握】复合语句和空语句

（1）控制语句

控制语句用来实现对程序流程的选择、循环、转向和返回等进行控制。控制语句共有9条,包括12个关键字,可以分为以下几类:

选择语句: if…else和switch（包括case和default）。

循环语句: for、while和do…while。

转向语句: continue、break和goto。

返回语句: return。

本书将在第4章和第5章陆续介绍这些控制语句。

（2）函数调用语句

函数调用语句是由一个函数调用加一个分号构成的语句,它的一般形式是:

　　　函数名(实参表);

【例如】

　　　printf("This is a C Program");

这条函数调用语句的格式是输出函数 "printf" 和一个分号 ";" 构成的输出语句。

（3）表达式语句

表达式语句是在表达式的末尾加上分号构成的语句,它的一般形式是:

　　　表达式;

【例如】

　　　a + b

是一个表达式,而

　　　a + b;

则是一个语句,它属于表达式语句。

表达式能构成语句是C语言的一个重要特色。其实 "函数调用语句" 也属于表达式语句,因为函数调用（如cos(x)）也属于表达式的一种,只是为了便于理解和使用,才把 "函数调用语句" 和 "表达式语句" 分开来说明。

（4）空语句

C语言中的空语句是指单独一个 ";" 构成的语句,语句执行时不产生任何动作。程序设计时有时需要加一个空语句来表示存在一条语句,以产生延迟。空语句有时用来作流程的转向点（流程从程序其他地方转到此语句处）,也可用来作循环语句中的循环体（循环体是空语句,表示循环什么也不做）。

【例如】

　　while(getchar()!='\n');

本语句的功能是,只要从键盘输入的字符不是回车键,就重新输入。

我们需要注意的是,空语句出现的位置是有限制的。例如,预处理命令、函数头和花括号"}"之后都不允许出现空语句。

（5）复合语句

是由一对花括号"{}"把一些语句扩起来形成的,在语法上作为一个整体对待,相当于一条语句。复合语句也称为"语句块",复合语句的形式为:

　　{语句1;语句2;…;语句n}

【例如】

　　{z=x+y;z++;u=z/100;printf("%f",u);}

在复合语句中,不仅可以有执行语句,还可以有定义语句,定义语句应该出现在执行语句的前面。

【例如】

　　{int x=0,y=0,z;z=x+y;printf("%d",z);}

请注意　C语言允许一行写几个语句,也允许一个语句拆开写在几行上,书写格式无固定要求。

3.2　赋 值 语 句

赋值语句是在赋值表达式末尾加上分号构成的,它属于表达式语句。

赋值语句的一般形式如下:

　　赋值表达式;

学习提示

【掌握】赋值语句

【例如】

　　a=5;

这是一条由赋值表达式"a = 5"后面加上";"构成的赋值语句。

赋值语句是C程序中最常用的语句,使用它可以为变量赋初值、计算表达式的值以及保存运算结果等。

在C语言中,必须严格区分赋值语句和赋值表达式。赋值表达式可以出现在其他的表达式中,而赋值语句则不可以。

【例如】

　　if((a=b)>0)

　　　　c=a;

上例中,"a=b"是赋值表达式,出现在if语句的条件表达式中(将在第4章中进行介绍)是合法的,如果写成"if((a=b;)>0)"就错了。因为在if语句的条件中不能包含赋值语句。

3.3　数据的输入与输出

我们在前面已经介绍过,输入输出语句是C语言顺序结构程序设计中的主要组成,下面我们将介绍与输入输出有关的函数。

所谓输入输出是以计算机主机为主体而言的。从计算机内部向计算机外部设备（如磁盘、打印机、显示屏等）输出数据的过程称为"输出"；从计算机外部设备（如磁盘、光盘、键盘、扫描仪等）向计算机内部输入数据的过程称为"输入"。

C语言没有提供输入输出语句，数据的输入和输出是通过调用输入输出函数实现的，即在输入输出函数的后面加上"；"，这些函数包含在标准输入输出库中。在C语言标准函数库中提供了一些输入输出函数，如"printf"函数和"scanf"函数，它们不是C语言的关键字，而只是函数的名字。实际上完全可以不用"printf"和"scanf"这两个名字，而另外编两个输入输出函数，用其他的函数名。

在VC 6.0环境下，如果要在程序中使用输入输出函数，应首先用编译预处理命令"#include"将头文件"stdio.h"包含到源文件中，因为在该头文件中包含了与输入输出函数有关的信息。因此，在调用标准输入输出库函数时，应在文件开头包含以下预处理命令：

　　#include <stdio.h>　或　#include "stdio.h"

"stdio.h"是standard input & output的缩写，它包含了与标准I/O库有关的变量定义和宏定义（相关内容见第10章）。考虑到"printf"函数和"scanf"函数的使用比较频繁，系统允许在使用这两个函数时可不加"include"命令。

常用的输入输出函数有：scanf（格式输入）、printf（格式输出）、getchar（字符输入）、putchar（字符输出）、gets（字符串输入）以及puts（字符串输出）。本章主要介绍前4个最基本的输入输出函数。

> **请注意**　如果程序中包含有数学函数，如sqrt（求平方根函数）、abs（求绝对值函数）、sin（求正弦函数）等，则必须在程序的开头加一条"#include命令"，将头文件"math.h"包含到程序中来。

3.4　数据的输入与输出——scanf函数

scanf函数的作用是从输入设备（键盘或系统隐含指定的输入设备）输入若干个任意类型的数据（而本章第6节将要介绍的getchar函数的功能是输入字符，而且是一个字符），本节将详细介绍标准输入函数scanf。

学习提示

【掌握】正确使用scanf函数

3.4.1　scanf函数的调用格式

scanf函数是C语言提供的标准输入函数，用来从标准输入设备（键盘）输入数据。scanf函数的调用格式为：

　　scanf(格式控制串, 地址表列);

【例如】

　　scanf("%d %c %x", &a,&b);
　　　　　　　　　　　格式控制串 地址表列

假设从键盘输入"12,65"，系统会将12和65转换成十进制数（%d）12和字符型数（%c）'A'，并赋予变量*a*和*b*所代表的存储空间中。

1. 格式控制串

"格式控制串"用来指定每个输入项的输入格式。格式控制串通常是由若干个格式说明组成，格式说明由"%"开头，后跟格式字符，如"%d"和"%c"。

2. 地址表列

"地址表列"需要读入的是所有变量的地址或字符串的首地址,而不是变量本身。

【例3-1】已知x和y是两个整型变量,用scanf函数向x和y进行赋值。

● **程序代码**

```
main()
{
  int x,y;
  scanf("%d%d",&x,&y);
  printf("%d%d",x,y);
}
```

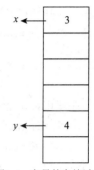

运算时按以下方式输入x、y的值:

　　3□4(输入x,y的值,其中"□"表示空格)

　　3,4(输出x,y的值)

图3-1　变量的存储过程

"&"是C语言的取地址运算符,&x表示变量x在内存中的地址。程序要求从键盘输入两个十进制整数,分别存入变量x和变量y所在的地址单元,也就是给这两个变量赋值,如图3-1所示。变量x、y的地址是在编译连接阶段分配的。

3.4.2　scanf函数的格式字符

scanf函数格式说明的一般形式如下:

　　%+附加格式字符+格式字符

scanf函数中可用的格式字符见表3-1。

表3-1　　　　　　　　　　　　scanf格式字符

格 式 字 符	说　　明
d	输入十进制整数
c	输入单个字符
o	以八进制形式输入整型数(可以带前导0,也可以不带前导0)
x,X	以十六进制形式输入整型数(大小写作用相同,可以带前导0,也可以不带前导0)
i	输入整型数,整数可以带前导0,也可以不带前导0
u	输入无符号的十进制整数
s	输入字符串
f	输入实数,可以用小数形式或指数形式输入
e,E,g,G	与f作用相同,e与f,g可以互相替换(大小写作用相同)

scanf函数中允许使用一些附加格式字符。这些附加格式字符位于"%"和格式字符之间,常见的附加格式字符见表3-2。

表3-2　　　　　　　　　　　　scanf的附加格式字符

附加格式字符	说　　明
l	用来输入长整型数据(可用%ld,%lo,%lx,%lu)以及double型数据(用%lf或%le)
h	用来输入短整型数据(可用%hd,%ho,%hx)
域宽	指定输入数据所占宽度(列数),域宽应为正整数
*	表示输入项在读入后不赋给相应的变量

【例如】已知a和b为整型变量,对于下面的语句:

```
scanf("%2d %*3d %2d",&a,&b);
```

运行时从键盘输入1234567后按回车键,确定变量*a*和*b*的值。

分析语句可知其中有两个输入项&*a*和&*b*,有3个格式说明且都通过域宽指定输入项的宽度。这样一来,从键盘输入的1234567被分成3个部分,即12、345和67,第2个格式说明中"%"之后有附加格式字符"*",表示345被跳过,这样,变量*a*得到12,变量*b*得到67。

3.4.3　scanf函数的使用说明

在使用scanf函数时,除了掌握格式字符和附加格式字符的作用外,特别要注意以下几个问题。

① 对unsigned型变量进行赋值时,可以用%u、%d(或%o)、%x格式输入。

② 除了格式说明字符和附加格式字符外,如果还有其他字符,则在输入数据时要求按一一对应的位置原样输入这些字符。

【例如】使变量*a*、*b*的值分别为12、35,请确定以下2种语句的数据输入方法。

形式1: scanf("%d,%d",&a,&b);

两个格式说明之间有一个逗号,要使变量*a*、*b*的值分别为12、35,则应从键盘输入:

　　12, 35

即数字之间也应照原样输入逗号。

形式2: scanf("a=%d,b=%d",&a,&b);

要使变量*a*、*b*的值分别为12、35,则应从键盘输入:

　　a=12,b=35

③ 可以指定输入数据所占的列数,系统自动按指定的数据截取所需的数据。如:

　　scanf("%4d%4d",&a,&b);

当输入:"12345678↙"时,系统自动将1234赋给*a*,将5678赋给*b*。此原理也适用于字符型数据。

【例如】

　　scanf("%4c",&ch);

如果从键盘输入3个字符xyz,由于ch只能接收一个字符,那么系统就只把第一个字符'a'赋给ch。

④ 当从键盘输入数值数据时,输入的数值数据之间用间隔符(空格符、制表符(Tab键)或回车符)隔开,间隔符数量不限。如果在格式说明中人为指定宽度时,也同样可以用此方式输入。

⑤ 如果在%后有一个"*"附加格式字符,表示跳过它指定的列数。

⑥ 地址表应是变量的地址,因此,应在变量名前加上取地址的运算符"&",而不能只写成变量名。

【例如】不能将语句

　　scanf("%d,%d",&a,&b);

错误地写成:

　　scanf("%d,%d",a,b);

初学C语言的人很容易忽视这个问题,一定要引起足够的重视。

⑦ 在用"%c"格式输入字符时,空格字符和转义字符都将作为有效字符进行输入。

【例如】有如下语句:

scanf("%c%c%c",&c1,&c2,&c3);

如果输入：a□b□c后按回车键，试确定字符变量c1，c2，c3的值。

我们来分析一下，在这个scanf语句中，格式说明符都是"%c"，空格字符也作为有效字符输入，因此，变量c1的值是"a"，而变量c2的值则是空格"□"，变量c3的值为"b"。

⑧ 从键盘输入数据的个数应该与函数要求的个数相同，当个数不同时系统作如下的处理。

● 如果输入数据少于scanf函数要求的个数时，函数将等待输入，直到满足要求或遇到非法字符为止。

● 如果输入数据多于scanf函数要求的个数时，多余的数据将留在缓冲区作为下一次输入操作的输入数据。

⑨ 在输入数据时，遇到以下情况时该数据认为结束。

● 遇到空格，或按"回车"键或按"跳格"（Tab）键；

● 按指定的宽度结束，如"%3d"，只取3列；

● 遇到非法输入。

3.5　数据的输入与输出——printf函数

printf函数的作用是向终端（屏幕或系统隐含指定的输出设备）输出若干个任意类型的数据（而本章第6节将要讲的putchar函数的功能是输出字符，而且是一个字符）。

3.5.1　printf函数的调用格式

学习提示

【掌握】正确使用printf函数

标准输出函数printf用于按指定的格式在屏幕上输出若干个任意类型的数据。printf函数的调用格式为：

　　printf(格式控制串,输出表列);

【例如】

　　printf("%d　%x",　a,b);
　　　　　　└─格式控制串─┘　└输出表列┘

假设a和b已被赋值为12和35，系统将它以十进制和无符号十六进制的形式输出。

1. 格式控制串

"格式控制串"用来指定每个输出项的输出格式。组成格式控制串的字符通常由格式说明、转义字符和按原样输出的字符3部分组成。

① 格式说明由"%"开头，后跟格式字符，用来指定数据的输出格式。输出格式中的格式说明的个数和输出表列中的数据个数是一一对应的，因此数目必须一样。

【例如】

　　printf("%d%o%x",a,b,c);

这表示变量a、b、c分别按十进制（%d）、八进制（%o）和十六进制（%x）输出。其中，输出表列有a, b, c三个变量。

② 转义字符是以"\"开始的字符，用来实现换行、跨越制表位或输出单引号、双引号等特殊字符。

【例如】

"\n"实现回车换行，我们在前一章已经详细介绍了C语言中的转义字符，读者可以自行查阅。

③ 除了以上两类字符之外，在格式串中的其他字符将按原样输出，用来在输出结果中增加其他信息。

【例如】

　　printf("x=%d%%",0x50);

由"0x"可知，输出项是十六进制数50。

在格式控制串中，"x="按原样输出；"%d"指定将十六进制数50按十进制数的形式输出，即输出80；"%%"是转义字符，表示输出字符"%"。所以，该语句的执行结果是"x=80%"。

2. 输出表列

输出表列是要输出的各项数据，这些数据可以是常量、变量、函数或表达式，其具体类型由格式控制串中的格式字符决定。

3.5.2 printf函数的格式字符

printf函数中格式控制的一般形式为：

　　%+附加格式字符+格式字符

对于不同类型的数据和不同类型的输出方式，在格式控制串中应使用不同的格式字符来表示。常用的格式字符及其含义见表3-3。

表3-3　　　　　　　　　　　　　　　printf函数格式字符

格 式 字 符	说　　　明
d,i	以带符号的十进制形式输出整数（正数不输出符号）
o	以无符号八进制形式输出整数（不输出前导符0）
x,X	以无符号十六进制形式输出整数（不输出前导符0x）
u	以无符号十进制形式输出整数
c	以字符形式输出，只输出一个字符
s	输出字符串
f	以小数形式输出单、双精度数，隐含输出6位小数
e,E	以指数形式输出实数，用e时指数以"e"表示（如1.2e+02），用E时指数以"E"表示（如1.2E+02）
g,G	选用%f或%e格式中输出宽度较短的一种格式，不输出无意义的0。用G时，若以指数形式输出，则指数以大写表示

（1）d或i格式符

此格式符指定以带符号的十进制形式输出整数，结果按整型数据实际长度输出。

【例3-2】按带符号的十进制整数输出。

● **程序代码**

```
main()
{
    int a,b;
    a=3;b=4;
    printf("a=%d b=%d",a,b);
}
```

格式控制串中，两个"%d"分别指定变量*a*、*b*按十进制整数输出，因此，程序运行结果是"a=3 b=4"。

（2）o格式符

此格式符指定以无符号八进制形式输出整数。由于是将内存中各位上的二进制值按八进制形式输出，因此输出的数值不带符号，即将符号位也作为八进制数据的一部分。

（3）x或X格式符

此格式符指定以无符号十六进制形式输出整数。

【例3-3】分析程序的运行结果。

程序代码

```
main()
{
    short int i=-4;
    printf("\n%d,%u,%x,%o \n",i,i,i,i);
}
```

变量i是short int型，其值-4在内存中用2个字节的补码表示如下：

1	1	1	1	1	1	1	1	1	1	1	1	1	1	0	0

将此数按八进制、十六进制或无符号十进制输出时，符号位也参与进制的转换。这样，-4的补码转换为无符号十进制数时为65 532，转换为十六进制数时为fffc，转换为八进制数时为17 7774。所以，此程序的运行结果是"-4,65532,fffc,177774"。

在上面的程序中，若将格式字符"%x"改为"%X"，即用大写的X代替x，则该例的运行结果为"-4,65532,FFFC,177774"。

通过本例我们知道，在内存中同样的二进制数据，当按不同要求输出时，结果是不同的。

（4）u格式符

此格式符用于指定以无符号十进制整数输出。

（5）c格式符

此格式符用于指定输出一个字符。

【例3-4】分析程序的运行结果。

程序代码

```
main()
{
    int i;char c;
    i='A';c=65;
    printf("%c,%d\n",c,c);
    printf("%c,%d\n",i,i);
}
```

程序中定义的两个变量i和c分别是int型和char型，但赋值时使用的却是：

i='a';c=97;

一个整数，只要它的值在0～225范围之内，也可以用字符形式输出，输出之前，系统会将该整数转化为相应的ASCII码字符。因此，本例的输出结果为：

A,65

A,65

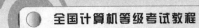

（6）s格式符

此格式符用于指定原样输出字符串，输出时不包括双引号。

【例如】

    printf("%s", "CHINA");

该语句的输出结果为：

    CHINA

（7）f格式符

此格式符以小数形式输出单精度和双精度的实数，其中整数部分全部输出，自动指定小数部分输出6位。应该注意的是，对于实型数据来说，输出的宽度与数据的有效位数无关，也就是说，并非输出的全部数字都是有效数字。对于单精度实数，有效位数一般为7位，而对双精度实数，其有效位数一般为16位。

（8）e或E格式符

此格式符用于表示以指数形式输出实数。

（9）g或G格式符

由系统确定在%f或%e格式中，输出宽度较短的一种。

在格式控制串中，还可以在%和格式符之间插入几种附加符号，用来进一步说明输出的格式。各字符及其含义见表3-4。

表3-4　　　　　　　　　　　　　　　printf函数的附加格式说明字符

附加格式字符	说　　　明
字母l	用于表示长整型整数，可加在格式符d, o, x, u前面
m（代表一个正整数）	数据最小宽度
n（代表一个正整数）	如果是实数，表示输出n位小数；如果是字符串，表示截取的字符个数
−	输出的实数或字符在域内向左靠

（1）字母l

它用来指定输出长整型数据，可以加在格式符d、o、x、u的前面。如%ld、%lo、%lx、%lu等。

（2）输出宽度

在%和格式符之间插入一个整数用来指定输出的宽度，如果指定的宽度多于数据实际宽度，则输出的数据右对齐，左端用空格补足；而当指定的宽度不足时，则按实际数据位数输出，这时指定的宽度不起作用。

① 为整数指定输出宽度。

【例3-5】分析程序的运行结果。

```
程序代码

main()
{
    int a,b;
    a=123;
    b=12345;
    printf("%4d,%4d",a,d);
}
```

程序中变量*a*按4位输出，由于其值为3位，因此左边补一个空格。变量*b*本身是5位，按指定宽度4位输出时宽度不够，因此按实际位数输出。所以执行结果是：

    □123, 12345

其中"□"表示空格,下同。

② 为实数指定输出宽度。

对于float或double型数据,在指定数据输出宽度的同时,也可以指定小数位的位数,指定形式如下:

　　%m.nf

表示数据输出总的宽度为*m*位,其中小数部分占*n*位。当数据的小数位多于指定宽度*n*时,截去右边多余的小数,并对截去的第一位小数做四舍五入处理;而当数据的小数位少于指定宽度*n*时,在小数的右边补零。

【例如】

　　printf("%5.3f\n",12345.6789);

此语句的格式说明为%5.3f,表示输出总宽度为5,小数位为3,这样整数部分只有1位,小于实际数据位数,只能按实际位数输出,而小数部分指定输出3位,将小数点后的第4位四舍五入,所以结果为"12345.679"。

（3）对齐方式

上面的格式字符在指定了输出宽度后,如果指定的宽度多于数据的实际宽度,则在输出时数据自动右对齐,左边用空格补足,此时,也可以指定将输出结果左对齐,方法是在宽度前加上"-"符号。

【例3-6】分析下列程序的运行结果。

● 程序代码

```
main()
{
  int a=123;
  printf("%4d,%-4d",a,a);
}
```

两个输出项都是3位,两个格式说明中的宽度都是4位,多于实际宽度,第1个格式说明中为右对齐,第2个格式说明中为左对齐,多余部分用空格补足,所以,输出结果如下:

　　□123,123□

（4）输出%

如果想输出"%",则应该在"格式控制串"中用连续两个%表示,即"%%"。在格式控制串中连续两个%用来输出字符"%"本身。

请注意 除了X, E, G之外,其他格式字符必须用小写字母,如"%d"就不能写成"%D"。

3.5.3 printf函数的使用说明

在使用printf函数时,除了掌握格式字符和附加格式字符的作用外,特别要注意以下几个问题。

① 在格式控制串中,格式说明和输出项在类型上必须一一对应。

② 在格式控制串中,格式说明的个数和输出项的个数应该相同,如果不同,则系统作如下处理:

● 如果格式说明的个数少于输出项数,多余的数据项不输出;

● 如果格式说明的个数多于输出项数,对多余的格式将输出不定值或0值。

3.6　数据的输入与输出——getchar函数和putchar函数

前面我们介绍了C标准函数库中最常用的，也是最重要的函数——输入函数printf()和输出函数scanf()。下面我们再介绍两个最简单、最容易理解的字符输入输出函数——putchar()和getchar()。

3.6.1　字符输入函数getchar

学习提示

【掌握】正确使用函数getchar

getchar函数是从标准输入设备（键盘）上输入一个字符，该函数没有参数，其调用格式为：

　　getchar();

函数的值就是从输入设备得到一个字符。

【说明】

① getchar函数的作用是从标准输入设备（键盘）上输入一个字符，直到输入回车才结束，回车前的所有输入字符都会逐个显示在屏幕上。

② 此函数将输入的第1个字符作为函数的返回值。通常在使用这个函数时，是将函数的返回值赋给一个字符型变量或整型变量。

③ getchar()是C语言的标准库函数，必须在程序开始包含头文件"stdio.h"，即使用文件包含命令"#include <stdio.h>"。

【例3-7】 getchar函数的应用。

程序代码

```
#include "stdio.h"
main()
{
  char ch;                         /*定义字符变量ch*/
  ch=getchar();                    /*将从键盘接收到的字符赋给变量ch*/
  printf("%c  %d\n",ch,ch);        /*分别以字符型和整型输出变量ch*/
  printf("%c  %d\n\n",ch-32,ch-32);
}
```

程序运行时输入：

b <回车>

输出结果是：

　　b 98

　　B 66

有一点值得说明，那就是当执行 "printf("%c %d\n",ch,ch);" 语句时，首先直接以字符型的形式输出ch，然后进行数据类型的强制转化，再将ch以整型的形式输出。

3.6.2　字符输出函数putchar

学习提示

【掌握】putchar函数的使用

putchar函数是向标准输出设备（屏幕）上输出一个字符，其调用格式为：

　　putchar(ch);

【说明】

① 其中ch可以是常量、变量、转义字符或表达式等，其数据类型可以是字符型或整型，如果是整型数据，代表的是与一个字符相对应的ASCII码值。

② putchar(ch)函数的作用等同于：

printf("%c", ch);

③ putchar也是C语言的标准库函数，必须在程序开始包含头文件"stdio.h"，即使用文件包含命令"#include <stdio.h>"。

【例3-8】用putchar函数输出字符。

程序代码

```
#include<stdio.h>
main()
{
    char c;                          /*定义字符变量*/
    c='B';                           /*给字符变量赋值*/
    putchar(c);                      /*输出该字符*/
    putchar('\x42');                 /*输出字母B*/
    putchar(0x42);                   /*直接用ASCII码值输出字母B*/
}
```

3.7 顺序结构程序举例

前面几节的内容是组成顺序结构程序的基础。通过以上内容的学习，我们可以总结出，在顺序结构的程序中，函数主体一般包括以下内容。

① 变量的说明部分。

② 数据输入部分。

③ 运算部分。

④ 运算结果输出部分。

当然，顺序结构程序也并非只有上面所说的这一种形式，只要程序是按语句出现的先后顺序逐条执行的都是顺序结构程序。下面我们结合两个具体的实例进行详细的讲解。

【例3-9】将任意小写字母，转换为对应的大写字母并输出。

程序代码

```
#include"stdio.h"
main()
{
    char c;
    c=getchar();
    c=c-32;
    putchar(c);
}
```

程序按语句出现的先后顺序逐条执行。

【例3-10】从键盘输入两个变量的值，然后交换这两个变量的值。

程序代码

```
main()
{
    int x, y, temp;
    scanf("%d %d", &x, &y);
    printf("Before change:x=%d  y=%d\n",x,y);
    temp = x;
    x = y;
    y = temp;
    printf("After change:x=%d y=%d\n", x, y);
}
```

进行如下的输入：

12　56✓("✓"代表回车键)

程序运行结果为：

　　Before change: x=12　y=56

　　After change: x=56　y=12

我们来分析一下程序，程序要求实现交换两个变量x和y的值，不能简单地写成"x=y;y=x;"两条语句来实现，语句"x=y;"执行的结果将把y中的值复制到x中，这样x和y具有了相同的值，x中原有的值丢失，因此无法实现两值的交换。为了不使x中原来的值丢失，必须在执行"x=y;"之前，把x中的值先放到一个临时变量中保存起来（通过"temp=x;"来实现），在执行了"x=y;"后，再把保存的临时变量中的值赋给y（通过"y=temp;"来实现）。这种程序设计思想在上机考试中经常会用到，请读者务必掌握。

课后总复习

一、选择题

1. 以下叙述中错误的是（　　）。

　A）C语言必须以分号结束　　　　　　　　　　B）复合语句在语法上被看作一条语句

　C）空语句出现在任何位置都不会影响程序运行　　D）赋值表达式末尾加分号就构成赋值语句

2. 以下4个选项中，不能看作一条语句的是（　　）。

　A）{;}　　　　　　　B）a=0,b=0,c=0;　　　　　C）if(a>0);　　　　　D）if(b==0) m=1;n=2;

3. 以下叙述中正确的是（　　）。

　A）调用printf函数时，必须要有输出项

　B）调用putchar函数时，必须在之前包含头文件stdio.h

　C）在C语言中，整数可以以十二进制、八进制或十六进制的形式输出

　D）调用getchar函数读入字符时，可以从键盘上输入字符所对应的ASCII码

4. 若有说明语句: double *p,a;，则能通过scanf语句正确给输入项读入数据的程序段是（　　）。

　A）*p=&a; scanf("%lf",p);　　　　　　　　　B）*p=&a; scanf("%f",p);

　C）p=&a; scanf("%lf",*p);　　　　　　　　　D）p=&a; scanf("%lf",p);

5. 有定义语句:int b;char c[10];,则正确的输入语句是（　　）。

　A）scanf("%d%s",&b,&c);　　　　　　　　　B）scanf("%d%s",&b,c);

　C）scanf("%d%s",b,c);　　　　　　　　　　D）scanf("%d%s",b,&c);

6. 数字字符0的ASCII值为48,若有以下程序

```
main()                                      printf("%c,",b++);
{                                           printf("%d\n",b-a);
    char a='1',b='2';                   }
```

程序运行后的输出结果是（　　）。

A）3,2　　　　　　　　B）50,2　　　　　C）2,2　　　　　　　D）2,50

7. 有以下程序：

```
main()                                      printf("%2d,%2d\n",x,y);
{                                       }
    int x=102,y=012;
```

执行后输出结果是（　　）。

A）10,01　　　　　　　B）002,12　　　　C）102,10　　　　　D）02,10

8. 有以下程序：

```
main()                                      scanf("m=%dn=%dp=%d",&m,&n,&p);
{                                           printf("%d%d%d\n",m,n,p);
    int m,n,p;                          }
```

若想从键盘上输入数据，使变量 m 中的值为123，n 中的值为456，p 中的值为789，则正确的输入是（　　）。

A) m=123n=456p=789　　B) m=123 n=456 p=789　　C) m=123,n=456,p=789　　D) 123 456 789

9. 有以下程序：

```
main()                                      scanf("%c,%c,%d,%d",&a,&b,&c,&d);
{                                           printf("%c,%c,%c,%c\n",a,b,c,d);
    char a,b,c,d;                       }
```

若运行时从键盘上输入：6,5,65,66<回车>。则输出结果是（　　）。

A）6,5,A,B　　　　　　B）6,5,65,66　　　C）6,5,6,5　　　　　D）6,5,6,6

10. 有以下程序：

```
#include <stdio.h>                          c5=getchar();   c6=getchar();
main()                                      putchar(c1);    putchar(c2);
{                                           printf("%c%c\n",c5,c6);
    char c1,c2,c3,c4,c5,c6;             }
    scanf("%c%c%c%c",&c1,&c2,&c3,&c4);
```

程序运行后，若从键盘输入（从第1列开始）：

123<回车>

45678<回车>

则输出结果是（　　）。

A）1267　　　　　　　　B）1256　　　　　C）1278　　　　　　D）1245

二、填空题

1. 若变量 a、b 已定义为 int 类型并赋值21和55，要求用 printf 函数以 a=21,b=55 的形式输出，请写出完整的输出语句____。

2. 以下程序运行后的输出结果是____。

```
main()                                      int  x=0210;   printf("%X\n",x);
{                                       }
```

3. 已知字母 A 的 ASCII 码值为65。以下程序运行后的输出结果是____。

```
main()
{
    char  a,b;
```

```
a='A'+'5'-'3';   b=a+'6'-'2';
printf("%d   %c\n",a,b);
}
```

4. 以下程序运行后的输出结果是____。

```
main()
{
    int a,b,c;
    a=25;
```

```
b=025;
c=0x25;
printf("%d   %d   %d\n",a,b,c);
}
```

5. 有以下程序

```
#include <stdio.h>
main()
{
    char ch1,ch2;  int n1,n2;
```

```
ch1=getchar();   ch2=getchar();
n1=ch1-'0';  n2=n1*10+(ch2-'0');
printf("%d\n",n2);
}
```

程序运行时输入：12<回车>，输出结果是____。

三、编程题

从键盘输入圆的半径，求该圆的周长和面积。

学习效果自评

学完本章后，相信大家对顺序程序设计已有一定的了解了，在考试中侧重于考查标准输入输出函数的使用。下表是对本章比较重要的知识点的一个小结，大家可以检查自己对这些知识点的掌握情况。

掌握内容	重要程度	掌握要求	自评结果		
C语言的语句	★★	重点掌握复合语句和空语句	□不懂	□一般	□没问题
标准输入函数scanf	★★★★	能够正确使用函数scanf，熟记scnaf函数的格式字符	□不懂	□一般	□没问题
标准输出函数printf	★★★★	能够正确使用函数printf，熟记printf函数的格式字符	□不懂	□一般	□没问题
字符输入函数getchar	★★★	能够正确使用函数getchar	□不懂	□一般	□没问题
字符输出函数putchar	★★★	能够正确使用函数putchar	□不懂	□一般	□没问题
顺序结构程序设计	★★★★	熟练掌握顺序程序控制结构	□不懂	□一般	□没问题

▶▶▶ **NCRE 网络课堂**　　http://www.eduexam.cn/netschool/C.html

教程网络课堂——C语言标准输入输出函数

教程网络课堂——顺序结构：输入与输出

第4章
选择结构程序设计

 视频课堂

章前导读

通过本章，你可以学习到：

◎C语言的关系运算符和关系表达式

◎C语言的逻辑运算符和逻辑表达式

◎C语言的条件运算符和条件表达式

◎C语言中if语句的使用

◎C语言中switch语句的使用

本章评估		学习点拨
重要度	★★★★★	选择结构是C语言中重要的控制结构之一。本章中的知识点在考试中所涉及的题目非常多，并且在实际应用中也有一定的难度。
知识类型	熟记和掌握	
考核类型	笔试+上机	本章主要介绍了几种与条件判断有关的运算符与表达式，重点介绍了if语句的3种基本形式、if语句的嵌套以及switch语句的执行过程。
所占分值	笔试：12分　上机：50分	读者在学习的过程中，尤其要注意C语言中的switch语句与其他编程语言中switch语句在执行过程中的区别。
学习时间	4课时	

本章学习流程图

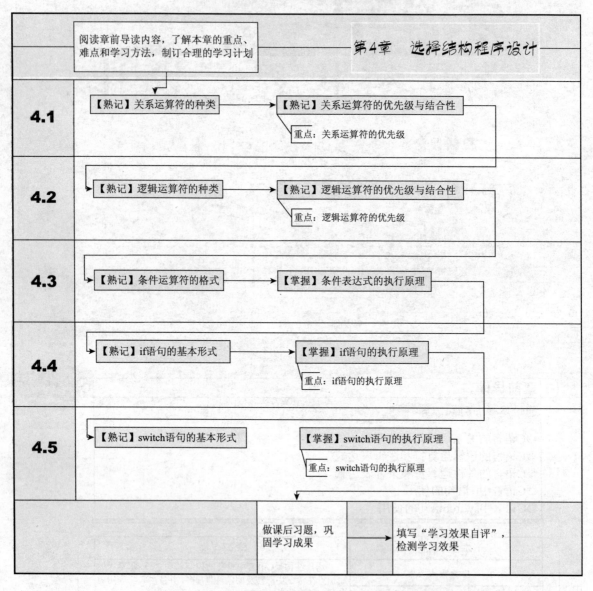

	阅读章前导读内容，了解本章的重点、难点和学习方法，制订合理的学习计划	第4章 选择结构程序设计

4.1 【熟记】关系运算符的种类 → 【熟记】关系运算符的优先级与结合性
　　重点：关系运算符的优先级

4.2 【熟记】逻辑运算符的种类 → 【熟记】逻辑运算符的优先级与结合性
　　重点：逻辑运算符的优先级

4.3 【熟记】条件运算符的格式 → 【掌握】条件表达式的执行原理

4.4 【熟记】if语句的基本形式 → 【掌握】if语句的执行原理
　　重点：if语句的执行原理

4.5 【熟记】switch语句的基本形式 → 【掌握】switch语句的执行原理
　　重点：switch语句的执行原理

做课后习题，巩固学习成果 → 填写"学习效果自评"，检测学习效果

　　选择结构是一种常用的基本控制结构，是计算机科学用来描述自然界和社会生活中分支现象的手段。其特点是：根据所给定选择条件是否为真（即分支条件成立），决定从各实际可能的不同操作分支中执行某一分支的相应操作。

　　选择结构程序设计中，大多需要根据选择条件进行判断来执行不同的分支，而在C语言中，选择条件是由关系表达式和逻辑表达式表现的。因此，在讲述选择结构程序设计前，我们首先介绍关系表达式和逻辑表达式，这也是我们没有在前面章节中详细讲解这部分知识点的原因；然后介绍C语言中可以实现选择作用的运算符——条件运算符；最后再介绍C语言中的两种选择语句：if语句和switch语句。

4.1　关系运算符和关系表达式

4.1.1　关系运算符

学习提示

【掌握】关系运算符和关系表达式的使用

　　关系运算实际上就是比较运算，就是将两个值进行比较，判断是否符合给定的条件。比较两个量的运算符称为关系运算符。例如，5>3是一个关系表达式，大于号（>）就是一个关系运算符。C语言提供了6种关系运算符，见表4-1。

表4-1　　　　　　　　　　　　　　　　　关系运算符

关系运算符	说　明	优　先　级
<	小于	优先级相同（高）
<=	小于或等于	
>	大于	
>=	大于或等于	
==	等于	优先级相同（低）
!=	不等于	

【说明】
① 关系运算符是双目运算符，具有自左至右的结合性。
② 前4种关系运算符（<、<=、>、>=）的优先级相同，后2种（==、!=）优先级相同，且前4种的优先级高于后2种。
③ 关系运算符的优先级高于赋值运算符，低于算术运算符，如图4-1所示。

【例如】 按运算符的优先级可以得出：

　　x>y+z　　　　　　　　　　　等价于x>(y+z)

　　x= =y>z　　　　　　　　　　等价于x= =(y>z)

　　x=y>z　　　　　　　　　　　等价于x=(y+z)

图4-1　不同运算符优先级的比较

4.1.2　关系表达式

　　用关系运算符将两个表达式连接起来的式子称为关系表达式，关系表达式的基本形式为：

　　表达式1　关系运算符　表达式2

【例如】

【说明】

① "表达式1"和"表达式2"可以是常量、变量、算术表达式、关系表达式、逻辑表达式、赋值表达式及字符表达式等。

【例如】

a>b、3+7!=10和a++>(b=a++)都是合法的C语言关系表达式，其中的">"、"!="及">"都是关系运算符，其两侧内容都是表达式。

② 关系运算的结果是一个逻辑值，只有两种可能，要么关系成立，为"真"，要么关系不成立，为"假"。由于C语言没有逻辑型数据，所以用1代表"真"，用0代表"假"。

【例如】

a的值为3，b的值为2，c的值为1，则：

关系表达式"a>b"的值为真，表达式的值为1；

关系表达式"b+c<a"的值为假，表达式的值为0。

③ 可以将关系表达式赋予一个整型变量或字符型变量，实际上是将关系表达式的值赋予变量。

【例如】

x的值为6，y的值为5，z的值为4，则：

m=x>y;

n=x>y>z;

对于表达式"m=x>y"：根据运算符的优先级可知，先计算关系表达式"x>y"的值为1，再将1赋予变量d。

对于表达式"n=x>y>z"：根据运算符的优先级可知，先计算关系表达式"x>y>z"的值，根据运算符的结合性可知，先计算关系表达式中的"x>y"的值为1，再计算关系表达式"1>z"的值为0，最后将0赋予变量n。

4.2　逻辑运算符和逻辑表达式

用逻辑运算符将关系表达式或逻辑量连接起来的式子就是逻辑表达式，在其他一些语言中有以下形式的逻辑表达式（AND是逻辑其中的运算符），如：

(x<y) AND (a<b)　　　　　　　等效于C语言中的　　　　　　　(x<y)&&(a<b)

它们都是逻辑表达式。其中，如果x<y且a<b，该表达式的值就为"真"，否则，该表达式的值就为"假"。下面我们详细介绍逻辑运算符和逻辑表达式。

4.2.1　逻辑运算符

通过逻辑运算符进行的运算就是逻辑运算，C语言提供3种逻辑运算符，分别是逻辑与（&&）、逻辑或（||）和逻辑非（!）。它们分别相当于其他一些语言中的AND、OR和NOT运算。下面，我们介绍逻辑运算符的功能及其使用中的一些注意事项。

学习提示

【掌握】逻辑运算符和逻辑表达式的使用

① "&&"和"||"是双目运算符，它要求有两个运算量，如(x>y) &&(a>b)。"!"是单目运算符，只要求有一个运算量，如!(a>b)。

② "&&"和"||"具有左结合性，"!"具有右结合性。

③ 3种逻辑运算符的优先级从高到低为：!（逻辑非）>&&（逻辑与）>||（逻辑或），即"!"为三者之中优先级最高的。逻辑运算符中的"&&"和"||"的优先级低于关系运算符，"!"高于算术运算符，如图4-2所示。

【例如】按运算符的优先级可以得出：

a>b && c>d　　　　　　　　　等价于：(a>b) && (c>d)

!b==c || d<a　　　　　　　　　等价于：((!b)==c) || (d<a)

a+b>c && x+y<b　　　　　　　等价于：((a+b)>c) && ((x+y)<b)

④ 逻辑运算的值也只有两个，即"真"和"假"，分别用"1"和"0"表示。它

!(非)	(高)
算术运算符	
关系运算符	
&&(与)和||(或)	
赋值运算符	(低)

图4-2　不同运算符优先级的比较

们的求值规则见表4-2。

表4-2 逻辑运算的真值表

x	y	!x	!y	x&&y	x||y
真	真	假	假	真	真
真	假	假	真	假	真
假	真	真	假	假	真
假	假	真	真	假	假

● 对于逻辑与"&&"，只有参与运算的两个逻辑值均为真时，结果才为真，否则结果就为假。

【例如】

  5>1 && 2>1

由于"5>1"为真，而且"2>1"也为真，因此整个表达式的值为真。

● 对于逻辑或"||"，只要参与运算的两个逻辑值有一个为真，结果就为真，否则结果就为假。

【例如】

  5<1 || 2>4

由于"5<1"为假且"2>4"为假，所以整个表达式为假。

● 对于逻辑非"!"，参与运算的逻辑值为真时，结果为假；参与运算的逻辑值为假时，结果为真。

【例如】

  !(5<1)

由于"5<1"为假，所以整个表达式为真。

4.2.2 逻辑表达式

如前所述，由逻辑运算符和运算对象所组成的表达式称为逻辑表达式，其一般形式为：

  表达式1 逻辑运算符 表达式2

【说明】

① 逻辑运算的对象可以是C语言中任意合法的表达式。

② 逻辑表达式的运算结果为逻辑量"真"或"假"。在C语言中，逻辑"假"用数值0表示，逻辑"真"用数值1表示。但是当判断一个量是否为"真"时，往往以0代表"假"，以非0代表"真"。因此，我们又可以将表4-2表示为表4-3的形式。

③ 逻辑表达式中也会出现嵌套的形式，如(x&&y)&&z。

表4-3 逻辑运算的真值表

x	y	x&&y	x||y	!x	!y
非0	非0	1	1	0	0
非0	0	0	1	0	1
0	非0	0	1	1	0
0	0	0	0	1	1

【例4-1】有整型变量$a=3$，$b=4$，$c=5$，计算表达式!(x=a)&&(y=b)||0。

这个表达式的执行过程如下，读者可以参考表4-3来理解。

步骤1 x=a为赋值表达式，其值为变量a的值，同理，表达式y=b的值为变量b的值，由于括号的优先级最高，所以将原表达式可以转换为!3&&4||0。

步骤2 计算!3&&4||0，!3为逻辑运算要把3转化为逻辑量1，!3就是0，所以得到表达式：0&&4||0。

步骤3 计算0&&4||0, 0&&4中要把4转化为逻辑量1, 所以得到表达式: 0&&1||0。

步骤4 计算0&&1||0, &&和||的优先级相同, 因它们具有左结合性, 所以得到表达式: 0||0。

步骤5 计算0||0, 得到最终结果0。

另外还有一点要特别提醒读者, 在C语言中, 由 "&&" 或 "||" 组成的逻辑表达式, 在特定的情况下会产生 "短路" 现象。也就是说, 在逻辑表达式的求解中, 并不是所有的逻辑运算符都会被执行, 只有在必须执行下一个逻辑运算符才能求出表达式的值时, 才执行该运算符。

【例4-2】计算表达式a++&&b++的值, 读者可以参考表4-3。

这个表达式的执行过程如下所述。

若a的值为0, 表达式首先求a++的值, 由于表达式a++的值为0, 系统完全可以确定逻辑表达式的运算结果是0, 因此将跳过b++不再对它进行求值, 在这种情况下, a的值将自增1由0变成1, 而b的值将不变。

若a的值不为0, 则系统不能仅根据表达式a++的值来确定逻辑表达式的运算结果, 因此必须要再对运算符 "&&" 右边的表达式b++进行求值, 这时将进行b++的运算, 使b的值改变。

【例4-3】求逻辑表达式a++||b++的值。

这个表达式的执行过程如下所述。

① 若a的值不为0, 表达式首先求a++的值, 由于表达式a++的值为1, 无论表达式b++为何值, 系统完全可以确定逻辑表达式的运算结果总是为1, 因此也将跳过b++不再对它进行求值, 在这种情况下, a的值将自增1, b的值将不变。

② 若a的值为0, 则系统不能仅根据表达式a++的值来确定逻辑表达式的运算结果, 因此必然再要对运算符 "||" 右边的表达式b++进行求值, 这时将进行b++的运算, 使b的值改变。

4.3   条件运算符和条件表达式

C语言中提供的条件运算符为 "?:"。条件表达式的一般格式是:

表达式1 ? 表达式2: 表达式3

它的执行过程如下:

步骤1 计算 "表达式1" 的值。

步骤2 若表达式1的值为非0, 则计算 "表达式2" 的值, "表达式2" 的值就作为整个条件表达式的值; 若 "表达式1" 的值为0时, 则计算 "表达式3" 的值, "表达式3" 的值就作为整个条件表达式的值。

也就是说表达式2与表达式3中只有一个被执行, 而不会是全部执行。整个执行过程见图4-3。

学习提示

【掌握】条件运算符和条件表达式的使用

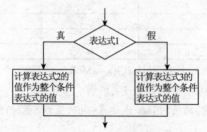

图4-3 条件表达式的执行过程

【说明】

① "表达式1"、"表达式2"和"表达式3"可以是任意合法的表达式。

② 条件运算符是C语言中唯一的一个三目运算符,其优先级高于赋值运算符、关系运算符和算术运算符,即条件运算符的优先级是最高的,并且其结合性是自右至左。

③ 我们可以把一个条件表达式赋予一个变量,实际上是把条件表达式的值赋予该变量。

【例如】

max=(a>b)?a:b

其含义是,如果a>b,则将a的值赋予max,否则将b的值赋予max。

④ 在某些情况下,条件表达式的效果可以用if语句(我们将在第4.4节中介绍)替代,反过来也可以。

【例如】

```
    max=(a>b)?a:b
```

等价于:

```
    if(a>b) max=a;
        else max=b;
```

4.4　if语句

if语句先判定所给定的条件是否满足,根据判定的结果(真或假)决定执行给出的两种操作之一。

4.4.1　if语句的基本形式

简单的if语句有3种基本形式,它们分别是if单分支选择语句、if双分支选择语句和if多分支选择语句。

1. if单分支选择语句

这种形式的if语句格式如下:

if (表达式)

　　语句体

【说明】

① "if"是C语言的关键字,"表达式"可以是任意合法的C语言表达式,包括关系表达式和逻辑表达式等,并且表达式两侧的括号不能省略。

【例如】if(3) printf("Future education")

② 语句体中可以是一条语句,也可以是C语言中任意合法的复合语句,其位置比较灵活,可以直接出现在if同一行的后面,也可以出现在if的下一行。

③ 表达式的类型不限于关系表达式或逻辑表达式,它也可以是任意的数值类型(包括整型、实型、字符型等)。例如,下面的if语句也是合法的。

if('A') printf("%d\n",'A');

if单分支选择语句的执行过程如下。

步骤1 计算圆括号里表达式的值。

步骤2 若表达式的值为0(条件成立),则执行if语句;否则(条件不成立)不执行if语句,而去执行if语句后的下一个语句,如图4-4所示。

【例4-4】根据键盘输入的x的值计算y的值,计算规则为,如果x=0,y=0,否则y=1/x。

程序代码

```
#include<stdio.h>
main()
{
    float x,y;
    scanf("%f",&x);
    if(x==0)    y=0;
    if(x!=0)    y=1/x;
    printf("%f\n",y);
}
```

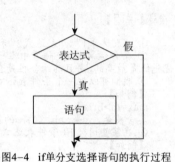

图4-4　if单分支选择语句的执行过程

请注意 如果(if)条件成立(表达式为真,即表达式的逻辑值为1),就执行其中的语句体。

2. if双分支选择语句

这种形式的if语句格式如下:

　　if (表达式)

　　　　语句体1

　　else

　　　　语句体2

【说明】

① "if"是C语言的关键字,"表达式"是合法的C语言表达式,包括关系表达式、逻辑表达式等,并且表达式两侧的括号不能省略。表示如果条件成立(表达式的逻辑值为1),就执行语句体1。

② "else"也是C语言的关键字,表示如果条件不成立(表达式的逻辑值为0),就执行语句体2。

③ 语句体可以是一条语句,也可以是C语言中任意合法的复合语句,其位置比较灵活,可以直接出现在if同一行的后面,也可以出现在if的下一行。

if双分支选择语句的执行过程如下所述。

步骤1 计算圆括号里表达式的值。

步骤2 若表达式取值为非0(条件成立),则执行语句1;否则(条件不成立)执行语句2。

步骤3 无论表达式的值是真还是假,在执行语句1或语句2后都去执行if语句后面的语句。其执行过程如图4-5所示。

【例4-5】根据键盘输入x的值计算y的值,计算要满足以下规则:如果$x=0$,$y=0$,否则$y=1/x$。

程序代码

```
main()
{
    float x,y;
    scanf("%f",&x);
    if(x!=0)
        y=1/x;
    else
        y=0;
    printf("%8.3f\n" ,y);
}
```

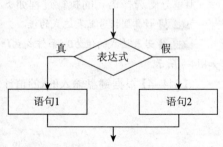

图4-5　if双分支选择语句的执行过程

请注意 如果（if）条件成立（表达式为真，即表达式的逻辑值为1），就执行其中的语句体1；否则（else），就执行其中的语句体2。

3. if多分支选择语句

以上关于if语句的一些说明同样适用于多分支选择语句，这里我们就不再赘述。我们也可以把if多分支选择语句看作是if双分支语句的扩展。下面我们只以图的形式对其执行过程进行简单的描述，如图4-6所示。

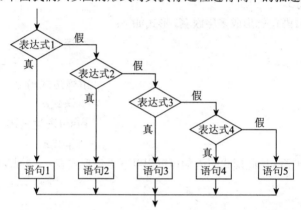

图4-6　多分支选择语句的执行过程

请注意 分号是if语句的语句体中不可缺少的部分，如果无此分号，则出现语法错误。但应注意，不要误认为双分支选择语句是两个语句，它们同属于一个if语句。else子句不能作为语句单独使用，它必须与if配对使用。

4.4.2　if语句的嵌套

if语句的嵌套是指在if或else子句中又包含一个或多个if语句。内层的if语句既可以嵌套在if子句中，也可以嵌套在else子句中。内嵌if语句的一般形式如下：

```
if(表达式1)
    if(表达式2)    语句1
    else          语句2
else
    if(表达式3)    语句3
    else          语句4
```

这种基本形式嵌套的if语句也可以进行以下几种变化。

① 只在if子句中嵌套if语句，形式如下：

```
if(表达式1)
    if(表达式2)    语句1
    else          语句2
else
```

　　　　语句3

② 只在else 子句中嵌套if语句, 形式如下:

　　if(表达式1)
　　　语句1
　　else
　　　if(表达式2)　语句2
　　　else　　　　语句3

③ 不断在else子句中嵌套if语句就形成多层嵌套, 形式如下:

　　if(表达式1)　　　　　　　　　　　　语句3
　　　语句1　　　　　　　　　　　　　　…
　　else　　　　　　　　　　　　　　if(表达式n)
　　if(表达式2)　　　　　　　　　　　　语句n
　　　语句2　　　　　　　　　　　　else(表达式n)
　　　else(表达式3)　　　　　　　　　　　语句n

这时形成了阶梯形的嵌套if 语句, 此形式的语句可以用以下语句形式表示, 看起来层次比较分明。

　　if (表达式1)　　　　　　　　　　　…
　　　语句1　　　　　　　　　　　　　　…
　　else if (表达式2)　　　　　　　　else if (表达式n−1)
　　　　语句2　　　　　　　　　　　　　语句n−1
　　　　else if (表达式3)　　　　　　　　else
　　　　　语句3　　　　　　　　　　　　　　语句n

【例4-6】根据从键盘输入x的值计算y的值, 计算规则如下:

$$y=\begin{cases} 1/x & x>0 \\ 0 & x=0 \\ 1/2x & x<0 \end{cases}$$

我们可以使用如下的程序代码来实现对以上方程的求解。

程序代码

```
main()
{
    float x,y;
    scanf("%f",&x);
    if(x>0)  y=1/x;
    else  if(x==0)   y=0;
    else   y=1/(2*x);
    printf("%8.3f\n",y);
}
```

此段程序代码执行的过程可以使用流程图4-7来描述。

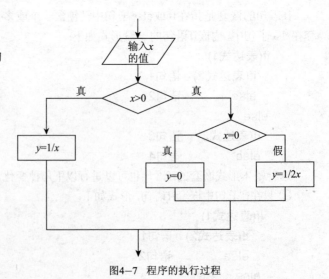

图4-7　程序的执行过程

嵌套选择结构主要用于处理多条件的问题。设计嵌套选择结构时，应清晰地描述各条件之间的约束关系。在使用时应注意以下两点：

① 应当注意if与else的配对关系。原则是else总是与它上面最近的、未配对的if配对。

② 如果if与else的数目不一样，为了避免在if与else配对时出错，建议读者使用"{}"来限定了内嵌if语句的范围。如下形式的嵌套语句：

```
if (表达式1)
    { if(表达式2) 语句1}            /* 内嵌if */
else  语句2
```

这里，大括号"{}"限定了内嵌if语句的范围，因此else与第一个if配对。

4.5　switch语句

前面介绍的if语句，一般用于两个分支的选择执行，尽管可以通过if语句的嵌套形式实现多路选择，但这样会使if语句的嵌套层次太多，从而降低了程序的可读性。而C语言中的switch语句是一种多分支选择语句，它提供了方便的多路选择功能，可以来代替嵌套的if语句。switch多分支选择语句的一般格式如下。

学习提示

【掌握】switch语句的使用

```
switch (表达式 )
{
    case 常量表达式1:      语句1
    case 常量表达式2:      语句2
    ...
    case 常量表达式n:      语句n
    default :             语句n+1
}
```

【说明】

① switch后面的表达式必须用圆括号括起来，其取值必须是整型或字符型。switch语句后面用花括号"{}"括起来的部分称为switch语句体，其中的"{}"不能缺。

② case后面必须是常量或常量表达式，不能是变量。case与其后面的常量表达式合称case语句标号，由它来判断该执行哪条case后面的语句。case和其后的常量表达式中间应有空格。常量表达式的类型必须与switch后的表达式的类型相同。

③ 各case语句标号值应该互不相同。case语句标号后的语句1、语句2等可以是一条语句，也可以是若干语句。

④ default也起标号的作用，代表所有case标号之外的标号，也就是说。default标号可以出现在语句体中任何标号位置上，而且不会影响程序的执行结果。在switch语句体中也可以没有default标号。

switch语句的执行过程如下：

① 计算switch后圆括号内的表达式的值，然后用该值逐个去与case后的常量表达式值进行比较。当找到相匹配的值时，就执行该case后面的语句。若所有case中的常量表达式的值都没有与表达式的值匹配的，就执行default后面的语句。

② 执行完一个case后面的语句后，程序就转移到下一个case处继续执行，并不再进行判断，但这并不是我们希望的，因此通常在每一条语句后面加上一个break语句，以跳出switch语句。switch语句的执行流程见图4-8（假设

在每一条语句后都有一个break语句）。

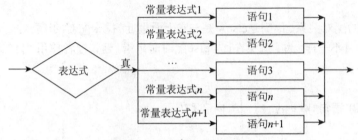

图4-8　switch的执行流程图

【说明】

　　从键盘输入一个同学的成绩，判断其成绩等级，并输出。等级范围为：90以上，等级为A；89～80，等级为B；79～70，等级为C；69～60，等级为D；60以下，等级为E。

程序代码

```
main()
{
    float score;
    scanf("%f",&score);
    switch(score/10)
    {
        case  10:
        case  9 :  printf("Your score is A\n"); break;
        case  8 :  printf("Your score is B\n"); break;
        case  7 :  printf("Your score is C\n"); break;
        case  6 :  printf("Your score is D\n"); break;
        default :   printf("Your score is E\n");
    }
}
```

如果输入97，则输出结果是：

　　Your score is A

　　分析此程序可知：假定成绩为score，score/10得到的结果为浮点型，在进行比较的过程中系统会自动将其转换为整型。当表达式的值为10或9时，对应于90分以上的条件分支，为8时对应于80～89分的条件分支，以下的取值和对应的分支可以依次类推。60分以下可用switch语句中default分支来描述。常量表达式为10的分支，由于与9的分支均为A级，根据switch语句的特点可以不写值为10的分支所对应的语句。

　　现在我们将程序做如下修改：

程序代码

```
main()
{
    float score;
    scanf("%f",&score);
    switch(score/10)
    {
        case  10:
```

```
        case  9 :  printf("Your score is A\n");
        case  8 :  printf("Your score is B\n");
        case  7 :  printf("Your score is C\n");
        case  6 :  printf("Your score is D\n");
        default :  printf("Your score is E\n");
    }
}
```

这时如果输入97，输出结果就会变成：

Your score is A

Your score is B

Your score is C

Your score is D

Your score is E

通过此实例，读者可以体会break语句的作用，有关break语句的作用及其用法我们将在第5章向大家介绍。

课后总复习

一、选择题

1. 当把以下4个表达式用作if语句的控制表达式时，有一个选项与其他3个选项含义不同，这个选项是（　　）。

A）k%2　　　　　　　　B）k%2==1　　　　　　　C）(k%2)!=0　　　　　　D）!k%2==1

2. 有定义：int k=1,m=2; float f=7,，则以下选项中错误的表达式是（　　）。

A）k=k>=k　　　　　　B）−k++　　　　　　　　C）k%int(f)　　　　　　D）k>=f>=m

3. 设有定义：int a=2,b=3,c=4，则以下选项中值为0的表达式是（　　）。

A）(!a==1)&&(!b==0)

B）(a<b)&&!c||1

C）a && b

D）a||(b+b)&&(c−a)

4. 若x和y代表整型数，以下表达式中不能正确表示数学关系|x−y|<10的是（　　）。

A）abs(x−y)<10

B）x−y>−10&& x−y<10

C）!(x−y)<−10||!(y−x)>10

D）(x−y)*(x−y)<100

5. 有以下程序段

```
    int  k=0,a=1,b=2,c=3;
    k=a<b?b:a;        k=k>c?c:k;
```

执行该程序段后，k的值是（　　）。

A）3　　　　　　　　　B）2　　　　　　　　　　C）1　　　　　　　　　　D）0

6. 若整型变量a、b、c、d中的值依次为：1、4、3、2。则条件表达式a<b?a:c<d?c:d的值（　　）。

A）1　　　　　　　　　B）2　　　　　　　　　　C）3　　　　　　　　　　D）4

7. 以下程序段中与语句k=a>b?(b>c?1:0):0;功能等价的是（　　）。

A）if((a>b)&&(b>c)) k=1;

B）if((a>b)||(b>c)) k=1
　　else k=0;

C）if(a<=b) k=0;
　　else if(b<=c) k=1;

D）if(a>b) k=1;
　　else if(b>c) k=1;
　　else k=0;

8. 下列条件语句中, 功能与其他语句不同的是（ ）。

A) if(a) printf("%d\n",x); else printf("%d\n",y);

B) if(a==0) printf("%d\n",y); else printf("%d\n",x);

C) if (a!=0) printf("%d\n",x); else printf("%d\n",y);

D) if(a==0) printf("%d\n",x); else printf("%d\n",y);

9. 有以下程序:

```
main()
{
    int a=0,b=0,c=0,d=0;
    if(a=1)  {b=1;c=2;}
                                          else      d=3;
                                          printf("%d,%d,%d,%d\n",a,b,c,d);
                                      }
```

运行后程序输出（ ）。

A) 0,1,2,0   B) 0,0,0,3   C) 1,1,2,0   D) 编译有错

10. 设变量 a、b、c、d 和 y 都已正确定义并赋值。若有以下if语句:

```
if(a<b)
if(c==d)  y=0;
else  y=1;
```

该语句所表示的含义是（ ）。

A) $y=\begin{cases} 0 & a<b且c=d \\ 1 & a\geq b \end{cases}$

B) $y=\begin{cases} 0 & a<b且c=d \\ 1 & a\geq b且c\neq d \end{cases}$

C) $y=\begin{cases} 0 & a<b且c=d \\ 1 & a<b且c\neq d \end{cases}$

D) $y=\begin{cases} 0 & a<b且c=d \\ 1 & c\neq d \end{cases}$

11. 有以下程序:

```
main()
{
    int i=1,j=2,k=3;
                                          if(i++==1&&(++j==3||k++==3))
                                          printf("%d%d%d\n",i,j,k);
                                      }
```

程序运行后的输出结果是（ ）。

A) 1 2 3   B) 2 3 4   C) 2 2 3   D) 2 3 3

12. 若有定义: float x=1.5;int a=1,b=3,c=2;则正确的switch语句是（ ）。

A) switch(x)
   { case 1.0: printf("*\n");
       case 2.0: printf("**\n"); }

B) switch((int)x);
   {case 1: printf("*\n");
     case 2: printf("**\n"); }

C) switch(a+b)
   { case 1: printf("*\n");
       case 2+1: printf("**\n"); }

D) switch(a+b)
   {case 1: printf("*\n");
     case c: printf("**\n"); }

13. 有以下程序:

```
main()
{ int i;
    for(i=0;i<3;i++)
    switch(i)
    {
                                          case 0:printf("%d",i);
                                          case 2:printf("%d",i);
                                          default:printf("%d",i);
                                      }
                                  }
```

程序运行后的输出结果是（   ）。

A) 022111　　　　　　　　B) 021021　　　　　　　　C) 000122　　　　　　　　D) 012

二、填空题

1. 以下程序运行后的输出结果是____。

```
main()
{
    int  a=3,b=4,c=5,t=99;
    if(b<a&&a<c)   t=a;a=c;c=t;
    if(a<c&&b<c)   t=b;b=a;a=t;
    printf("%d%d%d\n",a,b,c);
}
```

2. 以下程序用于判断a、b、c能否构成三角形，若能，输出YES，否则输出NO。当给a、b、c输入三角形3条边长时，确定a、b、c能构成三角形的条件是需同时满足三个条件：a+b>c, a+c>b, b+c>a。请填空。

```
main()
{   float a,b,c;
    scanf("%f%f%f",&a,&b,&c);
    if(____) printf("YES\n");   /*a、b、c能构成三角形*/
    else  printf("NO\n");
                                /*a、b、c不能构成三角形*/
}
```

3. 以下程序运行后的输出结果____。

```
main()
{
    int  a=1,b=2,c=3;
    if(c=a)   printf("%d\n",c);
    else   printf("%d\n",b);
}
```

4. 以下程序运行后的输出结果是____。

```
main()
{
    int x=1,y=0,a=0,b=0;
    switch(x)
    {  case 1:switch(y)
       {  case 0:a++; break;
          case 1:b++; break;
       }
       case 2:a++;b++; break;
    }
    printf("%d  %d\n",a,b);
}
```

三、编程题

1. 从键盘输入任意3个数，按从小到大的顺序输出。
2. 编写程序，判断某一年是否为闰年。

学习效果自评

学完本章后,相信大家对选择程序设计有了一定的了解,本章内容很多,在考试中涉及的内容较广,侧重考查if语句、switch语句的使用。下表是对本章比较重要的知识点的一个小结,大家可以检查自己对这些知识点的掌握情况。

掌握内容	重要程度	掌握要求	自评结果		
关系运算符和关系表达式	★★★	能够掌握关系运算符和关系表达式的使用	□不懂	□一般	□没问题
逻辑运算符和逻辑表达式	★★★	能够掌握逻辑运算符和逻辑表达式的使用	□不懂	□一般	□没问题
条件运算符和条件表达式	★★★	能够掌握条件运算符和条件表达式的使用	□不懂	□一般	□没问题
if语句	★★★★	能够掌握if语句现实的选择结构	□不懂	□一般	□没问题
	★★★★	能够掌握if语句的嵌套形式	□不懂	□一般	□没问题
switch语句	★★★	能够掌握switch语句现实的选择结构	□不懂	□一般	□没问题
	★★★	能够掌握选择结构的嵌套	□不懂	□一般	□没问题

▶ NCRE 网络课堂

http://www.eduexam.cn/netschool/C.html

教程网络课堂——关系运算符和关系表达式
教程网络课堂——逻辑运算符和逻辑表达式
教程网络课堂——条件运算符和条件表达式

第5章
循环结构程序设计

 视频课堂

章前导读

通过本章，你可以学习到：

◎C语言中3种循环结构的使用

◎C语言中break语句和continue语句在循环中的使用

◎C语言中goto语句的作用

本章评估		学习点拨
重 要 度	★★★★★	循环结构与前面学习的顺序结构和选择结构都是进行C语言程序设计的基础，又是考试的重点内容，几乎在每年的笔试中都会考查。
知识类型	熟记和掌握	
考核类型	笔试+上机	本章知识点大多需要理解和熟记，读者在学习过程中应该通过对比来学习for、while、do…while三种循环结构，并且要深刻理解break语句和continue语句在循环语句中的应用。
所占分值	笔试：12分　上机：60分	
学习时间	6课时	

本章学习流程图

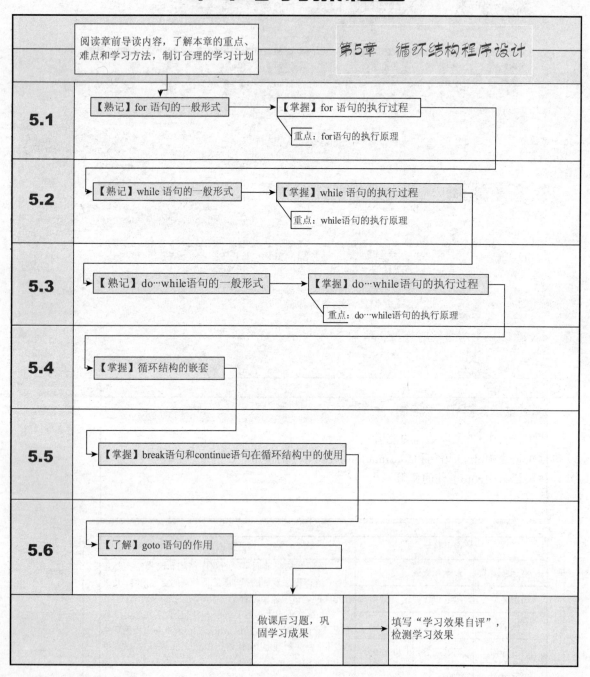

所谓循环结构就是当给定条件成立时，反复执行某程序段，直到条件不成立为止。在循环结构中，给定的条件称为循环条件，反复执行的程序段称为循环体。

C语言提供了for、while、do…while 3种循环语句来实现循环结构，循环语句简化并规范了循环结构程序设计。本章将对这3种循环结构分别进行详细的介绍。

5.1 用for语句构成的循环结构

5.1.1 for循环语句的一般形式

学习提示

【掌握】for循环的形式及执行过程

由for语句构成的循环结构通常被称为for循环，它是一种"当"型循环。for循环的一般形式如下：

        for(表达式1;表达式2;表达式3)
            循环体;

【说明】

① "表达式1"通常用来给循环变量赋初值。当然，也允许在for语句外给循环变量赋初值，此时可以省略该表达式。
② "表达式2"通常是循环条件，以便决定是否继续执行循环体。一般为关系表达式或逻辑表达式。
③ "表达式3"通常可用来修改循环变量的值，一般是赋值语句。
④ 循环体可以是一条语句，也可以是由"{}"括起来的多条语句。

5.1.2 for循环语句的执行过程

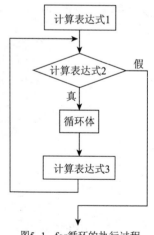

for循环的执行过程见图5–1，具体步骤如下所述：

① 计算表达式1的值。

② 计算表达式2的值。若值为真（非0），转步骤③执行；若值为假（0），转步骤⑤执行。

③ 执行一次for循环体。

④ 计算表达式3的值，转回步骤②执行。

⑤ 结束循环，执行for循环之后的语句。

【例如】

        for(i=0;i<10;i++)
            printf("*");

下面，我们就通过上述的循环原理对本例进行分析：

① 计算表达式1的值，其中"i=0"相当于for语句中的表达式1，即对变量i赋初值0；

② 计算表达式2的值，其中"i<10"相当于for语句中的表达式2，即对i<10（0<10）进行判断，显然条件为真；

③ 执行一次for循环体，其中"printf("*");"相当于for语句中的循环体，其功能是在屏幕上显示一个"*"号；

④ 计算表达式3的值，其中"i++"相当于for语句中的表达式3，即变量i自动加1，变为1；

⑤ 继续执行表达式2的值，即对条件进行判断，条件成立就执行循环体内的语句，同时变量i再自动加1；

图5–1 for循环的执行过程

⑥ 当*i*变为10时，条件不成立，结束循环。

【例5-1】用for语句计算s=1+2+3+…+100的值。

程序代码

```
main()
{
  int s,n;
  s=0;
  for(n=1;n<=100;n++)     /*通过循环,产生1到100之间的所有整数*/
  s+=n;                   /*保存所有满足条件的整数的累加和*/
  printf("%d/n",s);
}
```

此类题目在实际考试中会经常出现，只要读者掌握其解题思路，再遇到这样的问题即可迎刃而解。此类问题有两个共同特点：第一是进行一定的算术运算，如累加、累积、求阶乘等；第二是算术表达式中的各项会按照一定的规律进行变化。

那么，我们首先在程序一开始定义两个整型变量。其中，*s*用于保存运算结果（累加和），*n*用于产生1～100的整数，然后通过for语句对所产生的各个整数进行累加，并赋予变量*s*，最后将累加结果通过屏幕显示出来。

请思考 用for语句计算10的阶乘（10!）。
注：10! =10×9×8×7×6×5×4×3×2×1。

请注意 在整个for循环的执行过程中，表达式1只计算一次，表达式2和表达式3则可能计算多次。循环体可能多次执行，也可能一次都不执行，这要视条件而定。其中：
①"表达式1"可以省略，此时应在该for语句之前给循环变量赋初值。其后的分号不能省略。
②"表达式2"可以省略，即不对循环条件进行判断，循环无终止地进行下去。需要在循环体中用break等语句退出循环。
③"表达式3"可以省略，此时需要在循环体中让循环变量产生变化，以保证循环能够正常结束。
④"表达式1"和"表达式3"可以同时省略，这样①和③两种情况同时出现，需要使用相关语句保证循环结束。
⑤3个表达式都可以省略，但分号间隔符不能少。这样②和④两种情况同时出现，需要使用相关语句保证循环结束。
⑥循环体可以是空语句，空语句用于实现延时，语句末尾的分号";"不能省略，它代表了一个空语句。

5.2　用while语句构成的循环结构

5.2.1　while循环语句的一般形式

学习提示

【掌握】while循环的形式及执行过程

由while语句构成的循环称while循环，while循环也是"当"型循环。它的一般形式如下：

  while(表达式)
   循环体

【说明】

① while后一对圆括号中的表达式，称为循环条件。可以是C语言中任意合法的表达式，由它来控制循环体是否执行。

② 循环体可以是一条语句，也可以是由"{}"括起来的多条语句。

5.2.2 while循环语句的执行过程

while循环的流程见图5-2。其执行过程如下所述：

① 计算while后一对圆括号内表达式的值。当值非0时，执行步骤②；当值为0时，执行步骤④；

② 执行循环体中语句；

③ 转去执行步骤①；

④ 结束循环，执行while循环之后的语句。

【例5-2】用while语句求计算$s=1+2+3+\cdots+100$。

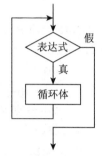

图5-2 while循环的流程图

程序代码

```
main()
{
  int i=1,s=0;
  while (i<=100)
  {
    s+=i;  /*保存所有满足条件的整数的累加和*/
    i++;   /*结合"i<=100"以产生1到100之间的所有整数*/
  }
  printf("sum=%d\n",s);
}
```

分析此实例的执行过程如下所述。

① 在程序开始时，对两个整型变量i和s分别赋初值1和0；

② 当程序执行到while循环时，首先计算表达式"i<=100"的值，因为此时i的初值为1，那么表达式的值为真，则进入循环体；

③ 此循环体包括两条语句，首先执行语句"s+=i;"，将当前i的值加到变量s中；然后执行"i++"，使i的值增1；这就执行完一次循环体；

④ 这时$i \leq 100$，程序将重复步骤②和步骤③；

⑤ 当循环体执行完100次时，i的值为101，此时再计算表达式"i<=100"的值，表达式的值为"假"，因此退出循环，进而执行printf语句。

从实例中我们可以看出语句"i++;"的重要性，因此要提醒读者：在循环体中一定要有使循环结束的操作。以上循环体中的语句"i++;"使得每执行一次循环体变量i都自增1，当表达式"i<=100"不成立时，循环结束。

请思考 ? 有如下程序段，请分析其执行过程及其执行结果。
```
int i=0
while(i<10){printf("*");i++}
```

5.3　do…while语句构成的循环结构

5.3.1　do…while循环语句的一般形式

学习提示

【掌握】do…while循环的形式及执行过程

由do…while语句构成的循环称do…while循环，这是一种"直接"型循环。do…while语句的一般形式如下：

```
do
    循环体
while(表达式);
```

【说明】

① 循环体可以是一条语句，也可以是由"{}"括起来的多条语句。

② while后一对圆括号中的表达式，称为循环条件。可以是C语言中任意合法的表达式，由它来控制循环体是否继续执行。

③ 在if语句、while语句中，表达式后面都不能加分号，而在do…while语句的表达式后面则必须加分号。

5.3.2　do…while循环语句的执行过程

do…while循环的流程见图5-3。其执行过程如下所述。

① 执行do后的循环体。

② 计算while后一对圆括号内表达式的值，当值为非零时，转去执行步骤①；当值为零时，执行步骤③。

③ 结束循环，执行do…while循环之后的语句。

【例5-3】用do…while语句计算$s=1+2+3+\cdots+100$。

程序代码

```
main()
{
    int i=1,s=0;
    do
    {
        s+=i;    /*保存所有满足条件的整数的累加和*/
        i++;     /*结合"i<=100"以产生1到100之间的所有整数*/
    } while (i<=100);
    printf("sum=%d\n",s);
}
```

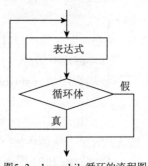

图5-3　do…while循环的流程图

分析此例的执行过程如下所述：

① 在程序开始时，对两个整型变量i和s分别赋初值1和0。

② 当程序执行到do…while循环时，进入循环体，此循环体包括两条语句，首先执行语句"s+=i;"，将当前i的值加到变量s中；然后执行"i++"，使i的值增1；这就执行完一次循环体。

③ 计算表达式"i<=100"的值，因为第一次执行完循环体，i的值为2，那么表达式"i<=100"的值为"真"，程序将重复步骤②和步骤③。

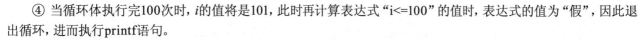

④ 当循环体执行完100次时，*i*的值将是101，此时再计算表达式"i<=100"的值时，表达式的值为"假"，因此退出循环，进而执行printf语句。

这里要提醒读者注意以下两点：

① 与while循环类似，在循环体中一定要有使循环结束的操作，以上循环体中的语句"i++;"使得每执行一次循环体变量*i*都自增1，当i>100时，循环结束。

② 从流程图上我们可以看到，在do…while循环中，循环体至少要被执行1次，而在while循环中，循环体可能一次都不被执行。

请思考 ？ 用do…while语句代替for语句和while语句来计算10的阶乘（10!）。

 3种循环结构小结

for、while和do…while三种循环语句都可以实现循环结构程序设计，这3种语句有哪些区别呢？我们在设计循环结构程序时该怎样选择恰当的循环语句？

① 3种循环结构都可以用来处理同一问题，一般情况下它们可以互相代替。

② 用while和do…while循环时，循环变量初始化的操作应在while和do…while语句之前完成，而for语句可以在表达式1中实现循环变量的初始化。

③ while和do…while循环，只在while后面指定循环条件，在循环体中应包含使循环结束的语句（如i++等）。

④ do…while语句和while语句的区别在于：do…while是先执行后判断，因此do…while至少要执行一次循环体，而while是先判断后执行，如果条件不满足，则一次循环体语句也不执行。

⑤ for循环可以在表达式3中包含使循环趋于结束的语句，甚至可以将循环体中的操作放到表达式3中，因此for语句的功能最强，凡用while和do…while循环语句能完成的操作，用for循环语句都能实现。

5.4 循环结构的嵌套

一个循环体内又包含另一个完整的循环结构，称为循环的嵌套。所谓"包含"，即指一个循环结构完全在另一个循环结构的里面。通常把里面的循环称为"内循环"，外面的循环称为"外循环"。3种循环结构（for循环、while循环、do…while循环）可以互相嵌套，但要层次清楚，不能出现交叉。

【例如】

学习提示

【掌握】3种循环的嵌套使用

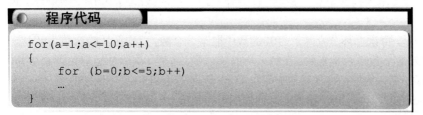

程序代码

```
for(a=1;a<=10;a++)
{
    for (b=0;b<=5;b++)
    …
}
```

【说明】

① 在此段程序中，for(a=1;a<=10;a++)作为外循环，而for(b=0;b<=5;b++)作为内循环。

② 外循环执行1次内循环就执行6次。循环正常结束时，外循环执行了10次，内循环共执行了10×6=60次。

【例5-4】 求2～100之间的所有素数，并输出。

判断一个数是素数的方法为：设某一个数为a，a除了能表示为它自己和1的乘积以外，不能表示为任何其他两个整数的乘积。例如，15=3×5，所以15不是素数；另外，13除了等于13×1以外，不能表示为其他任何两个整数的乘积，所以13是一个素数。

现要求2～100之间的所有素数，判断素数的方法是相同的，只要利用循环依次从2～100之间取一个数，判断其是否是素数，如果是素数就输出显示，不是素数就继续判断下一个数，直至判断到100为止。

程序代码

```
#include  "math.h"
main()
{
    int n, i, j, flag, x=0;
    for(i=2;  i<=100;  i++)
    {
        flag=1;  j=2;
        n=(int)sqrt((double)i );
        while(flag &&  j<=n)
        {
            if(i%j==0)   flag=0;
            j++;
        }
        if(flag)
        {
            printf ("%d , ", i );  x++;
            if ( x%5==0 )  printf ("\n");
        }
    }
}
```

分析此程序的执行过程如下所述：

① 程序运行时，当i=2或3时，变量j的初值也为2，大于变量n的值，内嵌的while循环不执行，flag变量值为1，输出素数为2或3。

② 当i>3时，进入内层循环，若i是素数，flag的值不变，仍为1；若i不是素数，flag的值变为0，并立即结束内循环。当退出内循环后，if语句判断flag的值为1时，输出素数i；若i不是素数，flag的值变为0，不输出。

③ 外层循环继续取下一个数，通过内层循环判断是否是素数，直到外层循环取的数i大于100后，结束外层循环，结束程序运行。

通过上例我们看到，外层循环的目的是，每次循环分别从2～100的数中取某一个数，已知循环的次数为99次，采用for循环比较合适；而内层循环是判断某个数是否是素数，在每一次的除法中，当某一次除法运算出现余数为0时，表明该数不是素数，立即结束内层循环，所以内层循环次数事先难以确定，因此采用while循环最为适当。

在解决多重循环问题时，往往需要具体问题具体分析，根据实际问题的内容和特点，采用不同的循环结构。因此在解决多重循环问题时，适合哪一种循环结构，就采用哪一种循环结构。读者可在实践过程中灵活使用。

请注意 素数的判断方法：素数除了能表示为它自己和1的乘积以外，不能表示为任何其他两个整数的乘积。例如，15=3×5，所以15不是素数；又如，12=6×2=4×3，所以12也不是素数。另一方面，13除了等于13×1以外，不能表示为其他任何两个整数的乘积，所以13是一个素数。

5.5　break语句和continue语句在循环体中的作用

我们在第4章讲解选择结构程序设计中的switch语句时，曾经介绍过break语句用在switch结构中可以使流程跳出switch结构。那么break语句用在循环结构中又起什么作用呢？continue语句的作用又是什么呢？下面就一一解答这些问题。

5.5.1　break语句

学习提示

【掌握】continue语句和break语句的使用

break语句的一般形式为：

　　break;

【说明】

　　① break语句只用在switch语句或循环语句中，用在switch语句中，其作用是无条件跳出switch语句，转去执行switch后面的程序。而用在循环语句中，其作用是跳出本层循环，转去执行循环语句后面的程序。使用break语句可以使循环语句有多个出口，使程序避免了一些不必要的重复，提高了程序效率。

　　② break语句的转移方向是明确的，所以不需要语句标号与之配合使用。

【例5-5】break语句在3种循环结构中的用法示例。

① break用于for语句中。

程序代码

```
for(n=0,s=0; n<10; n++)
{
    scanf("%d",&x);
    if(x<0) break;
    s+=x;
}
```

② break用于while语句中。

程序代码

```
n=0;s=0;
while(n<10)
{
    scanf("%d",&x);
    if (x<0) break;
    s+=x; n++;
}
```

③ break用于do…while语句中。

程序代码

```
n=0;s=0;
do
{
    scanf("%d",&x);
    if(x<0) break;
    s+=x; n++;
} while(n<10);
```

以上3个程序段所实现的共同的功能是：从键盘输入10个整数，并求这10个数的和。其中break语句的作用是：如果输入的整数<0，即为负数，则结束循环。

5.5.2　continue语句

continue语句的一般形式为：

continue;

continue语句只能用在循环结构中，其作用是结束本次循环，即不再执行循环体中continue语句之后的语句，而是立即转入对循环条件的判断与执行。

具体地说，对于while和do…while语句而言，程序会跳过循环体中continue语句之后的语句，而立即执行while后括号中的条件表达式；对于for语句而言，程序会跳过循环体中continue语句之后的语句，而执行"表达式3"，再执行"表达式2"。

【例5-6】continue语句在3种循环结构中的用法示例。

① continue用于for语句中。

程序代码

```
for(n=0,s=0; n<10; n++ )
{
    scanf("%d",&x);
    if (x<0) continue;
    s+=x;
}
```

② continue用于while语句中。

程序代码

```
int x,n=0,s=0;
while (n<10)
{
    scanf("%d",&x);
    if (x<0) continue;
    s+=x; n++;
}
```

③ continue用于do…while语句中。

程序代码

```
int x,n=0,s=0;
do
{
    scanf("%d",&x);
    if (x<0) continue;
    s+=x; n++;
} while (n<10);
```

以上3个程序段所实现的共同的功能是：从键盘输入10个整数，并求其和。其中continue语句的作用是：如果输入的整数<0，则结束本次循环，即不再执行s+=x;等循环体中continue语句后面的语句，但不是结束了循环，而是转去判断循环条件是否满足，若满足则继续从键盘输入数据。

5.5.3 break语句和continue语句的区别

continue语句和break语句的区别是：continue语句只结束本次循环，而不是终止整个循环的执行。而break语句则是结束整个循环过程，不再判断执行循环的条件是否成立。

break语句和continue语句在while循环语句中的执行流程比较如图5-4所示。

【例5-7】把100～200之间的不能被3整除的数输出。

程序代码

```
main()
{
    int n;
    for(n=100;n<=200;n++)
    {
        if(n%3==0)
            continue;
        printf("%d",n);
    }
}
```

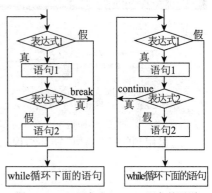

图5-4 break语句和continue语句的区别

我们来分析一下程序的执行过程：

当n能被3整除时，执行continue语句，结束本次循环（即跳过printf语句），只有在n不能被3整除时才执行printf函数。所以程序的执行结果是：

100 101 103 104 …… 199 200

若把程序中的continue换成break程序的执行结果又是什么呢？我们再来分析一下这时程序的执行过程：

当n=100和101时，由于不能被3整除，if语句的条件不满足，则不执行break语句，执行printf函数将100和101两个数输出。当n=102时，if语句的条件n%3==0满足，执行break语句，直接跳出for循环。所以程序的执行结果是：

100 101

通过这个例子，读者应该能体会到continue语句和break语句的区别，希望读者在今后的编程过程中灵活运用这两种语句。

5.6　goto语句

goto语句为无条件转向语句,它使系统转向标号所在的语句行执行。其一般形式为:

　　goto 语句标号;

【说明】

① 语句标号用标识符来表示,放在某一语句行的前面,标号后加冒号":"。语句标号起标识语句的作用,并不影响该语句的执行,标号只起与goto语句配合的作用。例如,

　　goto label;

② goto语句通常与条件语句配合使用,可用来实现条件转移,构成循环,跳出循环体等功能。使用goto语句构成循环的一般形式如下:

　　语句标号: 语句

　　…

　　if(表达式) goto 语句标号;

③ goto语句不能跳转到本函数外,并且应该避免跳转到一个循环体内。

④ 在结构化程序设计中一般不主张使用goto语句,以免造成程序流程的混乱。能避免使用goto则应避免使用,确实不得不用时,才使用goto。

【例5-8】计算$s=1+2+3+\cdots+100$的值。

程序代码

```
main ()
{
    int sum=0,   i=1;
    loop: sum=sum+i;
    i++;
    if (i<=100)  goto loop ;
    printf ("sum=%d" , sum) ;
}
```

这里用到的是"当型"循环结构,当满足"i<=100"时,程序回到loop后面的语句处继续执行。

课后总复习

一、选择题

1. 在以下给出的表达式中,与while(E)中的(E)不等价的表达式是(　　)。

　　A) (!E==0)　　　　　　　　B) (E>0||E<0)　　　　　　C) (E==0)　　　　　　D) (E!=0)

2. 要求通过while循环不断读入字符,当读入字母N时结束循环。若变量已正确定义,以下程序段正确的是(　　)。

　　A) while((ch=getchar())!='N') printf("%c",ch);

　　B) while(ch=getchar()!='N') printf("%c",ch);

　　C) while(ch=getchar()=='N') printf("%c",ch);

　　D) while((ch=getchar()=='N') printf("%c",ch);

3. 设变量已正确定义,则以下能正确计算f=n!的程序段是(　　)。

　　A) f=0;　　　　　　　　　　　　　　　　　　B) f=1;

　　　for(i=1;i<=n;i++)f*=i;　　　　　　　　　　　for(i=1;i<n;i++)f*=i;

　　C) f=1;　　　　　　　　　　　　　　　　　　D) f=1;

　　　for(i=n;i>1;i++)f*=i;　　　　　　　　　　　for(i=n;i>=2;i--)f*=i;

4. 有以下程序段:

```
main()
{
    int i=0,s=0;
    for (;;)
    {
        if(i==3||i==5) continue;
        if (i==6) break;
        i++;
        s+=i;
    };
    printf("%d\n",s);
}
```

程序运行后的输出结果是( )。

A) 10   B) 13   C) 21   D) 程序进入死循环

5. 有以下程序段:

```
main( )
{
    int x=0,y=5,z=3;
    while(z-->0&&++x<5)    y=y-1;
    printf("%d,%d,%d\n",x,y,z);
}
```

程序执行后的输出结果是( )。

A) 3,2,0   B) 3,2,–1   C) 4,3,–1   D) 5,–2,–5

6. 有以下程序段:

```
int  n,t=1,s=0;
scanf("%d",&n);
do{s=s+t;t=t-2;}
while(t!=n);
```

为使此程序段不陷入死循环,从键盘输入的数据应该是( )。

A) 任意正奇数   B) 任意负偶数   C) 任意正偶数   D) 任意负奇数

7. 若变量已正确定义,要求程序段完成求5!的计算,不能完成此操作的程序段是( )。

A) for(i=1,p=1;i<=5;i++) p*=i;

B) for(i=1;i<=5;i++){ p=1; p*=i;}

C) i=1;p=1;while(i<=5){p*=i; i++;}

D) i=1;p=1;do{p*=i; i++; }while(i<=5);

8. 有以下程序:

```
main()
{
    int i,n=0;
    for(i=2;i<5;i++)
    {
        do{  if(i%3)  continue;
            n++;
        } while(!i);
        n++;
    }
    printf("n=%d\n",n);
}
```

程序执行后的输出结果是( )。

A) n=5   B) n=2   C) n=3   D) n=4

二、填空题

1. 以下程序的功能是:输出100以内(不含100)能被3整除且个位数为6的所有整数,请填空。

```
main()
{
    int i,j;
    for(i=0;____;i++)
    {
        j=i*10+6;
        if(____)continue;
        printf("%d  ",j);
    }
}
```

2. 以下程序的功能是计算:s=t+12+123+1234+12345。请填空。

```
main()
{
    int t=0,s=0,i;
    for(i=1;i<=5;i++)
    { t=i+____;s=s+t;}
    printf("s=%d\n",s);
}
```

学习效果自评

学完本章后，相信大家对循环程序设计有了一定的了解，本章内容很多，在考试中涉及的内容较广，希望读者在平时的学习中多下功夫，重点掌握3种循环结构的使用。下表是对本章比较重要的知识点的一个小结，大家可以检查自己对这些知识点的掌握情况。

掌握内容	重要程度	掌握要求	自评结果		
for循环结构	★★★★	能够熟练掌握for循环结构的用法	□不懂	□一般	□没问题
while循环结构	★★★★	能够熟练掌握while循环结构的用法	□不懂	□一般	□没问题
do…while循环结构	★★★★	能够熟练掌握do…while循环结构的用法	□不懂	□一般	□没问题
break语句	★★★	能够正确使用break语句	□不懂	□一般	□没问题
continue语句	★★★	能够正确使用continue语句	□不懂	□一般	□没问题
goto语句	★★	能够正确使用goto语句	□不懂	□一般	□没问题

▶ NCRE 网络课堂　　http://www.eduexam.cn/netschool/C.html

教程网络课堂——循环的辅助语句——break语句和continue语句

教程网络课堂——循环嵌套

第6章
数 组

视频课堂

章前导读

通过本章，你可以学习到：

◎C语言中一维数组和二维数组的定义与初始化，以及数组元素的引用

◎C语言中字符数组的定义与初始化

◎C语言中字符串处理函数的使用

本章评估			学习点拨
重 要 度	★★★★		数组是C语言的重点内容之一，也是学习中的难点，在学习本章内容之前读者应该掌握C语言基本数据类型的相关知识。
知识类型	熟记和掌握		读者在学习本章内容时应侧重于熟记和理解。在学习过程中会遇到一些难点，读者重点掌握一维数组和二维数组的定义与初始化，并且要熟练掌握常用字符串处理函数。
考核类型	笔试+上机		
所占分值	笔试：20分	上机：20分	
学习时间	4课时		

本章学习流程图

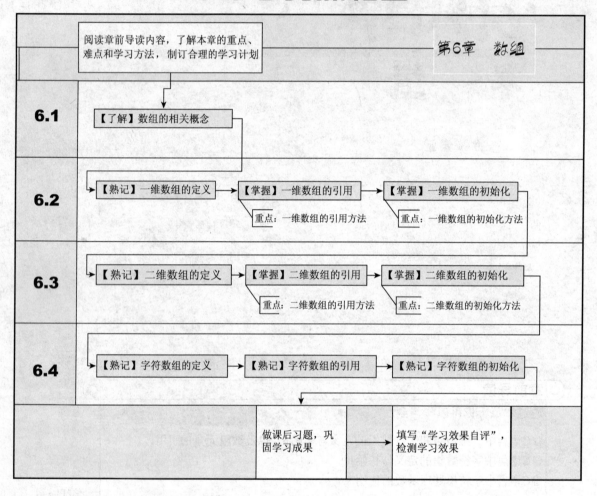

第2章中介绍了C语言中简单的数据类型，这些数据类型可帮我们解决简单问题。但是对于有些复杂的问题，例如，我们要统计一个公司的所有员工（假设有200人）的平均年龄，那么，如果用基本数据类型来解决的话，就要定义200个基本变量，这是很多读者都不愿做的。为了解决这个问题， C语言提供了构造数据类型，如数组类型、结构体类型、共用体类型等。构造类型数据是由基本类型数据按照一定的规律组成的。

本章介绍的数组就是一些具有相同类型的数据的集合。数组与指针（指针将在第9章中介绍）有着密切的关系，学好数组将为我们学习C语言中的指针打下良好基础。

6.1 有关数组的基本概念

在现实生活中，有时候我们只关心数据的取值，而不关心它所在的位置，数据之间的位置是无序的、不相关的。但是有时候我们不仅要知道数据的取值，而且还要知道数据存在的位置。例如，一个班级有50个学生，我们想对这些学生按成绩排名，这时就存在一个名次与学号（或者姓名）"对号入座" 的问题。C语言恰好提供了这样一种数据结构——数组。

学习提示

【理解】数组与数组元素的基本概念

1. 数组

数组	一组具有相同数据类型的数据的有序集合。

以上例子中，要统计50个学生的平均成绩，这时如果采用基本变量来存放这50组数据，再进行相应处理是相当麻烦的，所以，这时我们就可以采用数组来存放它们。

2. 数组元素

数组元素	在一个数组中，构成该数组的成员称为数组单元，即数组元素。

数组有两个基本的要素，即数据和数据的位置。其中，数据可以是我们前面介绍的基本数据类型（整型、实型、字符型），也可以是构造数据类型。数据的位置就是数据在数组中的相对位置，我们称之为"下标"。还是以"学生成绩排名"为例，其中，学生的名次（第1名、第2名）可以看成是数据的位置，而这个名次所对应的姓名就是相应的数据。

3. 数组维数

数组维数	简单地说，就是在数组中元素"下标"的个数。

如果用一个下标便可以确定数组元素的位置，这样的数组就是一维数组，即有一个下标的数组元素，构成一维数组。在"学生成绩排名"的例子中，我们只需要使用"名次"这个下标就可以确定相应的学生信息（姓名或者学号）。所以我们就可以用一维数组来实现名次和学生的对应。

如果数组中的元素能够按照行、列排成一个矩阵，也就是说必须使用两个下标（一个表示"行"，一个表示"列"）来确定数组元素的位置，这样的数组称为二维数组。例如，我们需要在教室里找到某一个位置上坐着的学生。那么，我们就得知道，他坐在哪一排，还要知道他坐在哪一列。只有这样，我们才能够定位找到该位置上的学生。这里的"排"和"列"就可以是数组的下标。所以，我们在描述教室的某个位置的时候就需要有两个下标，即我们需要一个二维数组。

类似地，3个下标的数组元素构成三维数组。依次类推有多少个下标的数组元素就构成多少维的数组。

比较常用的数组是一维数组和二维数组，下面我们将重点介绍它们。这两种数组也是读者学习的重点。

6.2　一维数组

6.2.1　一维数组的定义

学习提示

【掌握】一维数组的定义

一维数组是由一个下标的数组元素组成的数组。在C语言中，数组必须"先定义，后使用"。它的定义格式是：

　　　　类型说明符 数组名[常量表达式]

【说明】

　　① "类型说明符"说明了数组中元素的类型，它可以是基本的数据类型，也可以是构造数据类型，由它告诉编译器数组中每个元素占用了多少字节的存储空间。

　　② "数组名"是数组的名称，它的命名规则与变量名相同，必须遵循标识符的命名规则。

　　③ "[]"是下标运算符，不能使用圆括号，如"int x(5);"就是错误的数组定义语句。"[]"的个数代表了数组的维数，所以，一维数组只有一个下标运算符。

　　④ "常量表达式"可以是整型常量，也可以是符号常量，不允许是0、负数和浮点数，也不允许是变量。其值就是数组元素的个数，即数组的长度，它告诉编译器数组中共有多少个元素。当定义了一个数组，编译器就会根据以上信息，决定分配多大的存储空间给该数组使用。

【例如】

　　　　int a[10];

这里定义了一个一维数组，a是数组的名称，方括号中的10表示数组中共能存储10个元素；下标从0开始到9结束。

类型说明符int限定数组a的每个元素中只能存放整型数据。根据这一定义，系统将为数组a开辟能容纳10个整型数据的连续存储单元。图6-1说明了此数组在内存中的表现方式。在图中说明了每个存储单元的名称，如a[0]，a[1]，…，a[9]等。

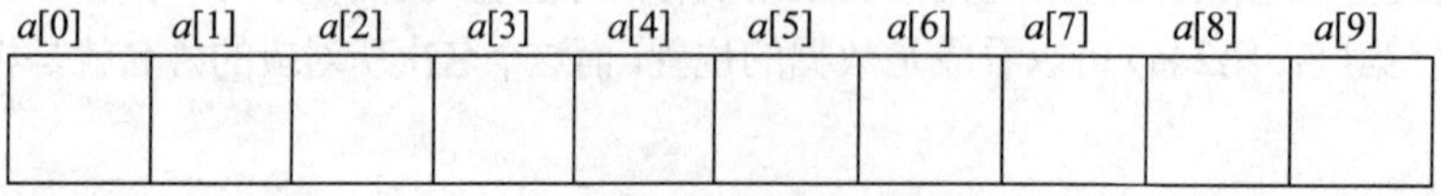

a[0]	a[1]	a[2]	a[3]	a[4]	a[5]	a[6]	a[7]	a[8]	a[9]

图6-1　数组在内存中的存储

C语言规定，每个数组第一个元素的下标固定为0，称为下标下界；最后一个元素的下标为数组元素的个数减1（如上例中，第10个元素的下标为10-1=9），称为下标上界。并且数组的定义可以和普通变量的定义出现在同一个定义语句中。

【例如】

　　　　double a,x[5],y[20];

以上语句在定义双精度变量a的同时，定义了两个双精度型的一维数组x和y。数组x共有5个元素，下标的使用范围是0～4；数组y共有20个元素，下标的使用范围是0～19，且数组x和数组y中只能用于存放双精度型数据。

6.2.2　一维数组的引用

学习提示

【掌握】一维数组元素的引用

每一个数组元素就是一个变量，它们可以被赋值。所以，在程序中可以把数组中的每个元素当成普通的变量来使用，这就是所谓的"数组元素的引用"。C语言规定不能一次引用整个数组，而只能逐个引用数组元素。引用数组中的任意一个元素的形式为：

　　　　数组名[下标]

【说明】

　　① "数组名"即数组定义时的名称，它与一般的变量名的定义规则相同，都必须是一个合法的标识符名。

　　② "下标"可以是任何非负整型数据，取值范围是 0 ～数据元素的个数–1。在运行C语言程序过程中，系统并不能自动检验数组元素的下标是否越界。因此在编写程序时，保证数组下标不越界是十分重要的。

【例如】

　　int a[10];　　　　　　　　　　　　　　　　/* 定义了一个含有10个元素的数组a*/

　　a是数组名，a[0]，a[1]，…，a[9]都是合法的引用。但a[10]就是非法的引用，这样引用系统不会报错，但是却不能够得到正确的值。

　　在使用数组这种结构的时候还要注意以下几点。

　　① 每个数组元素，实质上就是一个变量，它具有和相同类型的普通变量（整型变量、字符变量）相同的属性，可以对它进行赋值，它也可参与各种运算。

【例6-1】对数组元素的引用。

程序代码

```
#include<stdio.h>
int main()
{
    int  a[4];      /* 定义了一个含有4个元素的数组a*/
    a[0]=0;
    a[1]=1;
    a[2]=2;
    a[3]=3;              /*逐个引用数组中的元素*/
    printf("%d %d %d %d",a[0],a[1],a[2],a[3]);   /*屏幕输出各数组元素的值*/
}
```

　　程序首先通过 "int a[4]" 定义了一个含有4个元素的数组a，并通过对数组的引用为每个数组元素分别赋初值0、1、2和3，最后将每个数组元素的值通过屏幕输出。程序的运行结果是：

　　0 1 2 3

　　从该实例我们可以看出，数组中的每个元素可以当成普通的变量来使用。

　　② 在C语言中，数组作为一个整体，不能参加数据运算，只能对单个的元素进行处理，也就是说，不能用数组名来代替整个数组。C语言规定，一维数组的名字不是变量，而是一个内存地址常量（无符号数），只有其中存储的数据元素才是变量。例如，不能够使用数组名a来代表a[0]至a[3]这4个元素。

　　③ 在实际中，由于数组元素排列的规律性，我们可以通过改变其下标值，用循环的办法对数组元素进行操作。

【例6-2】使用循环对数组元素的引用。

程序代码

```
#include<stdio.h>
int main()
{
    int  a[4];                /* 定义了一个含有4个元素的数组a*/
    int  i;                   /*利用for循环来引用数组元素*/
    for(i=0;i<4;i++)
        a[i]=i;               /*利用for循环来输出每一个数组元素的值*/
    for(i=0;i<4;i++)
        printf("%d  ",a[i]);
}
```

程序的运行结果是：

    0　1　2　3

我们可以看出，此程序与"例6-1"程序的功能相同，使用循环语句使对数组的操作更加方便。

6.2.3　一维数组的初始化

学习提示

【掌握】一维数组的初始化

一维数组的初始化，是指在说明数组的同时为其诸元素（变量）赋初值。因此，完整的数组说明语句格式为：

    数据类型　数组名 [长度] = {常量1, 常量2, 常量3,…};

【说明】

"常量1"是数组第1个元素的取值，"常量2"是数组第2个元素的取值，"常量3"是数组第3个元素的取值，依次类推。

【例如】

    int a[4]={0,1,2,3}

这样初始化数组的效果相当于a[0]=0、a[1]=1、a[2]=2、a[3]=3。

在对数组进行初始化时，应该注意以下几点：

① 如果对数组的全部元素赋以初值，定义时可以不指定数组长度（系统根据初值个数自动确定）。如果被定义数组的长度，与初值个数不同，则数组长度不能省略。

【例如】

    int a[]={0,1,2,3}

这种定义的效果与int a[4]={0,1,2,3}是相同的。

② 如果在说明数组时给出了长度，但没有给所有的元素赋予初始值，而只依次给前面的几个数组元素赋予初值，那么C语言将自动对余下的元素赋初值。

【例如】

    int a[4]={0,1,2}

这种定义的效果与int a[4]={0,1,2,0}是相同的。

③ 如果所说明的数组的存储类型是静态型（static）变量，那么这个数组的所有元素都是静态型变量。

【例如】

    static int a[4]={0,1,2,3}

这样定义数组使数组元素（a[0]、a[1]、a[2]、a[3]）的存储类型都是static。存储类型的知识我们将在第8章详细介绍。

④ 如果数组说明时给出了长度，并对元素进行了初始化。那么所列出的元素初始值的个数，不能多于数组元素的个数。否则C语言就会判定为语法错误。

【例如】

    int a[4]={0,1,2,3,4}

这样定义数组就是非法的，因为初值的个数比数组元素的个数多。

⑤ 只能给元素逐个赋值，不能给数组整体赋值。

【例如】

给10个元素全部赋值1，只能写为：

int a[10]={1,1,1,1,1,1,1,1,1,1};

而不能写为：

int a[10]=1;

⑥　如不给可初始化的数组赋初值，则全部元素均为0值。

⑦　在程序运行过程中，可以为数组动态地赋初值。

【例6-3】利用循环语句对数组元素进行处理。

程序代码

```
#include<stdio.h>
int main()
{
    int i,a[10];                    /*定义一个整型变量和有10个元素的整型数组*/
    printf("input 10 numbers:\n");
    for(i=0;i<10;i++)
        scanf("%d",&a[i]);          /*依次从键盘输入10个常量,为数组元素赋初值*/
    for(i=0;i<10;i++)
        printf("%d",a[i]);          /*依次输出数组元素*/
}
```

6.2.4　一维数组应用举例

【例6-4】使用冒泡法对数组元素进行排序（从大到小）。

冒泡法的思想是：对相邻的两个数进行比较，并将小的调到后面，如对"1，4，42，56，82"这5个数从大到小的顺序进行排序，直到这些数按从大到小的顺序排列为止，排序过程见表6-1。

表6-1　　　　　　　　　　　　　　　　　冒泡排序过程

第1趟冒泡	第2趟冒泡	第3趟冒泡	第4趟冒泡	第5趟冒泡
1　4　42　56　82	4　42　56　82　1	42　56　82　4　1	56　82　42　4　1	82　56　42　4 1
4　1　42　56　82	42　4　56　82　1	56　42　82　4　1	82　56　42　4　1	
4　42　1　56　82	42　56　4　82　1	56　82　42　4　1		
4　42　56　1　82	42　56　82　4　1			
4　42　56　82　1				

程序代码

```
#include<stdio.h>
int main()
{
    int a[10]={1,4,42,56,82,12,18,50,23,62};
                            /*定义了一个含有10个元素的数组a,并且进行初始化*/
    int i,j,temp;
    printf("\n排序前的结果是: ");
    for(i=0;i<10;i++)                   /*通过循环输出排序前的数组元素*/
        printf("%d ",a[i]);
    for(i=0;i<10;i++)                   /*嵌套循环进行排序,并输出排序后的数组*/
        for(j=0;j<10-i;j++)
```

```
              if(a[j]<a[j+1])
              {
                  temp=a[j];
                  a[j]=a[j+1];
                  a[j+1]=temp;
              }
        printf("\n排序后的结果是: ");
        for(i=0;i<10;i++)                /*通过循环输出排序后的数组元素*/
            printf("%d ",a[i]);
}
```

下面我们再来仔细讲解冒泡排序的比较过程：

若有5个数。第1次将1和4进行比较并对调，第2次是在第1次对调后的基础上进行的，即将1和42对调，依次类推，1最终和82比较。

由此看来第一趟排序共比较5次，第2趟排序共比较4次，第3趟排序共比较3次，第4趟排序共比较2次，第5趟排序共比较1次。如果有*n*个数，则要进行*n*-1趟比较。

从表6-1中可以看出：最小的数1已经"沉底"，成为最后面的一个数；最大的数82已经"浮起"，成为最前面的一个数。

上机考试中经常会考查这种类型的题，请读者务必掌握。

程序的运行结果：

　　排序前的结果是：1　4　42　56　82　12　18　50　23　62

　　排序后的结果是：82　62　56　50　42　23　18　12　4　1

程序中我们使用了双重嵌套循环，外循环控制比较的次数，内循环找出每次比较的最小数，并将其向后移。

【例6-5】找出1000以内的所有完数。

一个数如果恰好等于它的所有约数（能够整除该数的自然数，但不包括自身）之和，这个数就称为"完数"。如6的约数有1、2和3，并且6=1+2+3，故6是一个完数。

程序代码

```
#include<stdio.h>
int main()
{
    int  a[100];                /*用来存放完数的约数*/
    int i,j,n,m;                /*依次判断2到1000之间的数是否是完数*/
    for(j=2;j<1000;j++)
    {
        n=0;
        m=j;
        for(i=1;i<j;i++)
        {
            if((j%i)==0)
            {
                m=m-i;
                a[n]=i;
                n++;
            }
        }
```

```
    if(m==0)          /*如果是完数打印这个数并且输出它的所有约数*/
    {
        printf("%d is a wanshu\n",j);
        for(i=0;i<n-1;i++)
            printf("%d,",a[i]);
        printf("%d\n",a[n-1]);
    }
    return 0;
}
```

程序的运行结果:

6 is a wanshu

1,2,3

28 is a wanshu

1,2,4,7,14

496 is a wanshu

1,2,4,8,16,31,62,124,248

本程序不仅找到了相应的完数,并且紧接着输出这些完数的所有约数。

6.3 二 维 数 组

当数组中的每个元素都带有两个下标时,我们称这样的数组为二维数组。在逻辑上可以把二维数组看成是一个具有行或列的表格或一个矩阵,如图6-2所示的就是一个i行j列的二维数组。

$$\begin{bmatrix} a[0][0] & a[0][1] & a[0][2] & \cdots & a[0][j-1] \\ a[1][0] & a[1][1] & a[1][2] & \cdots & a[1][j-1] \\ a[2][0] & a[2][1] & a[2][2] & \cdots & a[0][j-1] \\ \cdots & \cdots & \cdots & & \cdots \\ a[i-1][0] & a[i-1][1] & a[i-1][2] & \cdots & a[i-1][j-1] \end{bmatrix}$$

图6-2 二维数组

6.3.1 二维数组的定义

定义一个二维数组的语句格式是:

类型标识符 数组名[常量表达式1][常量表达式2]

学习提示

【掌握】二维数组的定义

【说明】

① "类型说明符"说明了数组中的元素的类型,它可以是基本的数据类型,也可以是构造数据类型,它告诉编译器数组中每个元素占用了多少字节(每种数据类型都占用固定大小的内存)。

② "数组名"是数组的名称,它的命名方式与变量名相同,必须遵循标识符的命名规则。

③ "[]"是下标运算符,它的个数就代表了数组的维数。所以,二维数组有两个下标运算符。

④ 常量表达式1和常量表达式2都是用方括号括起来的整型常量或符号常量,其数值的乘积(即常量表达式1×常量表达式2),表示该数组所拥有的元素个数。

【例如】

int a[4][4],b[5][6];

这里定义了a是一个4×4(4行4列)的二维数组,其中共有4×4=16个元素,b是一个5×6(5行6列)的二维数组,其中共有5×6=30个元素。

我们也可以把二维数组看成是一个特殊的一维数组,以上的a数组有$a[0]$, $a[1]$, $a[2]$和$a[3]$4个元素,它们各自又有4个元素，如图6-3所示。

所以，根据"数组名就是分配给它的存储区起始地址"的规定，对于上面说明的二维数组 a，就有如下结论：

① a 作为二维数组名，是一个地址常量。

② $a[0]$，$a[1]$，$a[2]$，$a[3]$ 作为一维数组名，也都是地址常量。

③ a 是系统分配给这个二维数组整个存储区的起始地址。

④ $a[0]$ 是一维数组元素 $a[0][0]$，$a[0][1]$，$a[0][2]$，$a[0][3]$ 占用的存储区的起始地址；$a[1]$ 是一维数组元素 $a[1][0]$，$a[1][1]$，$a[1][2]$，$a[1][3]$ 占用的存储区的起始地址，依次类推。

二维数组在概念上是二维的，即是说其下标在两个方向上变化，下标变量在数组中的位置也处于一个平面之中，而不是像一维数组那样只有一维。但是，实际的硬件存储器却是连续编址的，也就是说存储器单元是按一维线性排列的。

如何在一维存储器中存放二维数组呢，有两种方式：一种是按行排列，即放完一行之后顺次放入第二行；另一种是按列排列，即放完一列之后再顺次放入第二列。在C语言中，二维数组是按行排列的，如图6-4所示。按行顺次存放，先存放 $a[0]$ 行，再存放 $a[1]$ 行，然后存放 $a[2]$ 行，最后存放 $a[3]$。每行中4个元素也是依次存放。

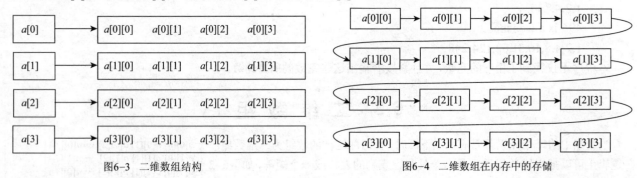

图6-3 二维数组结构　　　　　　　　　　　图6-4 二维数组在内存中的存储

6.3.2 二维数组的引用

如一维数组的引用一样，我们也可以把二维数组中的每个元素当成普通的变量来使用，这就是二维数组元素的引用。引用二维数组元素的形式为：

数组名[行下标表达式][列下标表达式]

【例如】

① "行下标表达式"和"列下标表达式"都应是整型表达式或符号常量。

② "行下标表达式"和"列下标表达式"的值，都应在已定义数组大小的取值范围内。

【例如】

double $a[3][4]$；

则可用的行下标范围为0~2，列下标范围为0~3。则 $a[0][3]$、$a[2][0]$、$a[2][3]$ 和 $a[3][2]$ 都是合法的数组引用方式，但是 $a[2][4]$、$a[3][4]$ 都是非法的引用方式。

③ 对基本数据类型的变量所能进行的操作，也适用于相同数据类型的二维数组元素，也就是说，二维数组元素可以看成是相同数据类型的变量来使用，变量能够出现的地方二维数组元素都能够出现。

【掌握】二维数组元素的引用

> **请注意**
> 引用二维数组时,两个下标应该分别放在两个方括号内。例如,引用上述数组的元素时,a[1,2], a[i,j]都是非法的。

6.3.3 二维数组的初始化

学习提示

【掌握】二维数组的初始化

二维数组的初始化,可以有以下几种方式。

1. 分行对二维数组进行初始化

基本的赋值方式如下:

　　数据类型　数组名[行下标表达式][列下标表达式]={{第0行初值表},{第1行初值表},……,{最后1行初值表}};

【说明】

① 对于具体某一行来说,如同一维数组的赋值方式。所以这种赋值方式就是将"第0行初值表"中的数据,依次赋予第0行中各元素;将"第1行初值表"中的数据,依次赋予第1行各元素;依次类推。

【例如】

　　int a[3][4]={{0,1,2,3},{4,5,6,7},{8,9,10,11}}

赋值后的数组元素是:

$$\begin{bmatrix} 0 & 1 & 2 & 3 \\ 4 & 5 & 6 & 7 \\ 8 & 9 & 10 & 11 \end{bmatrix}$$

② 当分行对二维数组进行初始化时,可以只对部分元素赋初值。

【例如】

　　int a[3][4]={{0,1,2},{4,5},{8,9,10,11}}

这样没有被赋初值的元素将被自动赋值为0。也就是说,上述初始化方式的效果等同于:

　　int a[3][4]={{0,1,2,0},{4,5,0,0},{8,9,10,11}}

$$\begin{bmatrix} 0 & 1 & 2 & 0 \\ 4 & 5 & 0 & 0 \\ 8 & 9 & 10 & 11 \end{bmatrix}$$

③ 也可以只对某几行赋初值。

【例如】

　　int a[3][4]={{1},{4,5}}

赋值后的数组元素是:

$$\begin{bmatrix} 1 & 0 & 0 & 0 \\ 4 & 5 & 0 & 0 \\ 0 & 0 & 0 & 0 \end{bmatrix}$$

第3行不赋初值,也可以对第2行不赋初值:

【例如】

　　int a[3][4]={{1},{ }{4,5}}

2. 按二维数组在内存中的排列顺序给各元素赋初值

这种方式就是不分行将所有数据依次列在一个花括号里。其基本的赋值方式是:

　　数据类型　数组名[行下标表达式][列下标表达式]={初值表};

① 这种方式的赋值就是将初值表的数据依次赋予数组的每个元素, 其中赋值是按照数组元素在内存中的位置进行的。

【例如】

　　int a[3][4]={0,1,2,3,4,5,6,7,8,9,10,11}

这种赋值方式的效果等同于:

　　int a[3][4]={{0,1,2,3},{4,5,6,7},{8,9,10,11}}

② 采用这种赋初值的方式, 初值表中的数据可以少于数组元素的个数。

【例如】

　　int a[3][4]={0,1,2,3}

这时, 编译器将按a数组元素在内存中的排列顺序, 将初值表中的数据一一赋予各个元素, 而其他元素将被赋值为0。因此, 上述的赋值方式等同于:

　　int a[3][4]={0,1,2,3,0,0,0,0,0,0,0,0}

也等同于:

　　int a[3][4]= {{0,1,2,3},{0,0,0,0},{0,0,0,0}}

③ 如果是采用这种方式进行初始化, 那么在数组说明语句里, "行下标表达式"可以省略不写, 但是, "列下标表达式"不能不写。

【例如】

　　int a[][4]={0,1,2,3,4,5,6,7,8,9,10,11}

其效果等同于:

　　int a[3][4]={0,1,2,3,4,5,6,7,8,9,10,11}

但是, 不可以写成int a[3][]={0,1,2,3,4,5,6,7,8,9,10,11}, 这是非法的。

6.3.4　二维数组应用举例

【例6-6】输出如下形式的二维数组。

```
 1  0  0  0  0
 2  3  0  0  0
 4  5  6  0  0
 7  8  9 10  0
11 12 13 14 15
```

对二维数组元素的访问通常都是在双重循环中进行的, 以实现有规律地访问二维数组中的部分元素。如左下角、左上角、右下角、右上角、对角线等。本题中就是要实现左下角元素的访问。需赋值的元素有这样的规律: 每行需要赋值的元素个数与行序数有关, 即第i行有i个元素。

程序代码

```
#include <stdio.h>
int main()
{
    int a[5][5]={0};                /*初始化使数组a的内容为全0*/
    int   i,j,k=1;                   /*对下三角矩阵进行赋值*/
    for(i=0; i<5; i++)
```

```
        for(j=0; j<=i; j++)                    /*输出下三角矩阵*/
            a[i][j]=k++;
    for(i=0; i<5; i++)
    {
        for(j=0; j<5; j++)
            printf("%3d",a[i][j]);
        printf("\n");
    }
    return 0;
}
```

程序中通过双重循环为数组的左下半三角矩阵赋值。赋值的内容（自然数1至15）由变量 k 通过每次自增1提供。

【例6-7】输出二维数组中每一行的最小元素及其行列号。

● 程序代码

```
#include <stdio.h>
int main()
{
    /*定义一个5行5列的二维数组,并进行初始化*/
    int   a[5][5]={{11,22,32,42,53},
                  {51,41,31,21,11},
                  {44,54,24,34,74},
                  {93,59,17,64,74},
                  {96,45,39,65,58}};
    int i,j,col;
    for(i=0;i<5;i++)
    {
        col=0;                       /*找到最小的元素*/
        for(j=0;j<5;j++)
            if(a[i][j]<a[i][col])
                col=j;               /*用变量col来保存最小元素所在的列号*/
        printf("row:%d,min:%d,col:%d\n",i+1,a[i][col],col+1);
    }
    return 0;
}
```

程序的运行结果：

row:1,min:11,col:1

row:2,min:11,col:5

row:3,min:24,col:3

row:4,min:17,col:3

row:5,min:39,col:3

6.4　字　符　数　组

在C语言中没有字符串类型的变量，如何存储一个字符串呢？我们就必须使用字符数组来保存字符串。字符数组是字符型数组的简称。"字符数组"是一个存储元素都是字符的数组，也就是说，字符数组是用来存放字符的数组，字符数组的一个元素就是一个字符。

6.4.1 字符数组的定义

学习提示

【掌握】字符数组的定义

字符数组的定义与前面介绍的一维数组和二维数组的定义形式相同。不同的是，说明一个字符数组时，数组名前的数据类型应该是char。

1. 一维字符数组的定义

一维字符数组用于存储和处理1个字符串，其定义格式与一维数值数组一样。形式如下：

　　char 数组名[下标表达式]

【说明】

数组名与下标表达式的意义与一维数值数组的数组名和下标表达式的意义相同。

【例如】

　　char c[5];

这样就定义了一个含有5个元素（每个元素存储一个字符）的一维字符数组。可以称之为长度为5的字符数组。

2. 二维字符数组的定义

二维字符数组用于同时存储和处理多个字符串，其定义格式与二维数值数组一样。

6.4.2 字符数组的引用

学习提示

【掌握】字符数组元素的引用

字符数组元素的引用，与引用数值数组元素类似，也是将字符数组的每个元素当成普通的变量来使用。

一维字符数组的引用方式如下：

　　数组名[下标表达式]

二维字符数组的引用方式如下：

　　数组名[行下标表达式][列下标表达式]

【说明】

在引用字符数组时，同样要做到正确使用下标表达式。请参见本书的6.2节和6.3节。

【例6-8】字符数组的引用。

程序代码

```
#include <stdio.h>
int main()
{
    char c1[5];                /*定义有5个元素的一维字符数组c1*/
    char c2[5][5];             /*定义5行5列的二维字符数组c2*/
    c1[0]= 'a';                /*引用数组c1的两个元素c1[0]和c1[1]*/
    c1[1]= 'b';
    c2[0][1]= 'A';          /*引用数组c2的两个元素c2[0][1]和c2[1][1]*/
    c2[1][1]= 'B';
    printf("%c,%c,%c,%c\n", c1[0], c1[1], c2[0][1], c2[1][1]);
    return 0;
}
```

6.4.3　字符数组的初始化

 学习提示

【掌握】字符数组的初始化

（1）使用对一维数组元素初始化的方法对字符数组进行初始化。

【例如】

　　　char c[5]={ 'c', 'h', 'i', 'n', 'a'};

或者也可以是：

　　　char c[]={'c', 'h', 'i', 'n', 'a'};

那么数组c在内存中的存储见图6-5。

c	h	i	n	a
c[0]	c[1]	c[2]	c[3]	c[4]

图6-5　字符数组在内存中的存储形式

【例如】

　　　char string[3][3]={ 'a', 'b', 'c', '1', '2', '3', 'd', 'e', 'f'};

其效果等价于：

　　　char string[3][3]={{ 'a', 'b', 'c'},{'1', '2', '3'},{'d', 'e', 'f'}};

也等价于：

　　　char string[][3]={{ 'a', 'b', 'c'},{'1', '2', '3'},{'d', 'e', 'f'}};

如果在给字符数组赋初值的时候，初值个数少于数组长度，系统会自动补空格。

【例如】

　　　char c[5]={ 'c', 'h', 'i', 'n'};

内存中的存储形式如图6-6所示，其中c[4]单元中将存储空格。

c	h	i	n	
c[0]	c[1]	c[2]	c[3]	c[4]

图6-6　字符数组赋初值

【例如】

　　　c[]="china"

这里定义了一个长度是6的字符数组。为什么是6呢？请读者回忆第2章的"字符串常量"一节。因此，我们不可以写成：

　　　c[5]= "china"

而应该是：

　　　c[6]= "china"

初始化后，字符数组c各个元素的值如图6-7所示。

（2）用花括号括住字符串常量对字符数组进行初始化。

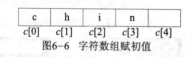

c	h	i	n	a	\0
c[0]	c[1]	c[2]	c[3]	c[4]	c[5]

图6-7　字符数组在内存中的存储

直接用字符串常量或用花括号括住字符串常量的办法对字符数组元素进行初始化时，所说明数组的长度也必须比字符串拥有的字符个数大1，以便能在末尾安放字符串结束符"\0"。

【例如】

　　　c[6]={ "china"}

等价于：

　　　c[6]= "china"

（3）在使用字符数组的时候，还要特别注意以下两点：

① 不能够将一个字符串直接赋给一个字符数组。例如，在程序中，不能够出现下面的形式：

　　　c[]="china"

② 字符数组同数值数组一样，数组名同时代表了该数组第一个元素的地址。如果我们在初始化的时候将一个字符串赋给一个字符数组，则该数组名就代表该字符串第一个字符的首地址。所以，在C语言中，使用字符串首地址来代表一个字符串。例如：

　　　　char c[6]= "china";

这里，字符串"china"可以用数组名c来代替，或者是&c[0]（第一个元素的地址）来代替，二者是等价的。

6.4.4　字符数组的输入输出

学习提示

【掌握】字符数组的输入输出

C语言提供了两种格式符"%c"和"%s"来进行字符数组的输入和输出。其中，格式符"%c"用来逐个地输入和输出字符，并且输入时需要在最后人为地加入"\0"，输出时以"\0"作为结束标志。格式符"%s"用来进行整串地输入和输出。字符数组的输入，使用getchar()或scanf()函数输入字符。字符数组的输出，可以用putchar()函数或printf()函数。下面分别介绍这两种格式符的使用。

1.　逐个字符的输入和输出

在前面几节中，我们通过初始化使字符数组各元素得到初值，这里我们也可以利用格式符"%c"实现单个字符的输入和输出。

【说明】

① 逐个字符输入输出时，要指出元素的下标，而且使用"%c"格式符。

② 从键盘上输入字符时，无需输入字符的定界符——单引号；输出时，系统也不输出字符的定界符。

【例6-9】字符数组的输入和输出。

> 程序代码

```c
#include <stdio.h>
int main()
{
    char c[6] ;        /*定义一个存储6个字符的字符数组*/
    for(i=0; i<6; i++)   /*从键盘输入6个字符*/
        scanf("%c", &c[i]) ;
    for(i=0;i<6;i++)
        printf("%c",c[i]);
    printf("\n");
    return 0;
}
```

程序运行时由键盘输入：

　　　　china

输出结果：

　　　　china

2.　字符数组的整体输入与输出

在对字符串进行输出时，输出项既可以是字符串也可以是字符数组名。在scanf()函数中使用格式符"%s"可以实现字符串的整体输入；在printf()函数中使用格式符"%s"可以实现字符串的整体输出。这两个函数的调用形式如下：

　　　　scanf("%s",arrayname);

```
printf("%s", arrayname);
```

【说明】

① arrayname是字符数组名，也就是要输入/输出的字符串的首地址。

② 当使用scanf()函数时，输入的字符会依次存放在以这一地址为起点的存储单元，并且自动在末尾加"\0"。

③ 当使用printf()函数时，将从地址arrayname开始将字符依次输出到屏幕上，当遇到"\0"时停止输出。

【例如】

```
char c[6];
scanf("%s",c);
```

如果我们输入：

```
china
```

并且在输入的字符串后按"Enter"键。则输入的字符串将从c[0]开始依次存放在字符数组c中，并且自动在字母"a"后面加"\0"。其存储形式如图6-7所示。

在对字符串进行整体的输入和输出时，应该注意以下几点：

① 在使用格式符"%s"进行字符串的输入时，空格和回车（Enter）会被读入，并且，函数scanf以它们作为分隔符停止一个字符串的输入。

【例如】

当我们输入"ch ina"（在字符"h"和"i"之间输入空格）时，就不会得到与图6-7相同的结果。这时，系统会把我们的输入作为两个字符串来处理，即"ch"和"ina"。

② 在输入的时候要保证输入的字符串长度不要超过字符数组所能容纳字符的数量。

【例6-10】字符数组的整体输入与输出。

程序代码

```
#include <stdio.h>
int main()
{
    int i;
    char fruit[4][9]={"apple", "banana", "pear", "peach"};
    /*定义一个二维字符数组，并进行初始化*/
    for(i=0;i<4;i++)
        printf("\n%s\t",fruit[i]);/*fruit[i]代表该行数组元素的首地址*/
    return 0;
}
```

6.4.5　字符串处理函数

在C语言中提供了一些用于字符串处理的库函数。这些字符串标准函数的原型在头文件string.h中。下面介绍几种常用的字符串处理函数。

学习提示

【掌握】常用的字符串处理函数

1. 输入字符串函数gets()

它的一般格式是：

```
gets(字符数组名);
```

【说明】

　　① 此函数从标准输入设备——键盘上，读取1个字符串（可以包含空格），并将其存储到字符数组中去。

　　② 此函数的读取结束符是换行符，即当遇到一个换行符时，就停止读操作。并且换行符不能够作为字符串的内容来存储。系统会自动用"\0"来代替。

　　③ gets()函数读取的字符串，其长度没有限制，编程者要保证字符数组有足够大的空间，存放输入的字符串。

　　④ 该函数输入的字符串中允许包含空格，而scanf()函数不允许。

2. 输出字符串函数puts()

它的一般格式是：

　　puts(字符数组);

【说明】

　　① 此函数把字符数组中所存放的字符串，输出到标准输出设备中去，并用"\n"取代字符串的结束标志"\0"。所以用puts()函数输出字符串时，会自动输出一个换行符，不要求另加换行符。

　　② 该函数一次只能输出一个字符串，而printf()函数也能用来输出字符串，且一次能输出多个。

【例6-11】 puts函数的使用。

程序代码

```
#include <stdio.h>
#include<string.h>
int main()
{
    char c[]="china";
    puts(c);                    /*输出字符串*/
    return 0;
}
```

运行程序的结果：

　　china

3. 字符串比较函数strcmp()

它的一般格式是：

　　strcmp(字符串1,字符串2);

【说明】

　　① 该函数用来比较字符串1和字符串2的大小。

　　② 字符串比较的方法是，依次对字符串1和字符串2对应位置上的字符进行两两比较，当出现第1对不相同的字符时，即由这两个字符决定所在字符串的大小（字符大小是根据其ASCII码来确定的）。

　　③ 若字符串1==字符串2，函数返回值等于0；若字符串1<字符串2，函数返回为负整数；若字符串1>字符串2，函数返回值为正整数。

4. 拷贝字符串函数strcpy()

它的一般格式：

　　strcpy(字符数组，字符串);

　　① "字符串"可以是字符串常量，也可以是字符数组。

　　② 该函数将"字符串"完整地复制到"字符数组"中，字符数组中原有内容被覆盖复制时，连同结束标志"\0"

一起复制。

③ 字符数组必须定义得足够大,以便容纳复制过来的字符串。

【例6-12】strcpy的使用。

程序代码

```
#include <stdio.h>
#include<string.h>
int main()
{
    char st1[10],st2[]="China";       /*将字符串st2复制到字符数组st1*/
    strcpy(st1,st2);                  /*输出字符数组st1中存储的字符串*/
    puts(st1);
    printf("\n");
    return 0;
}
```

运行程序的结果:

    China

5. 连接字符串函数strcat()

它的一般格式是:

    strcat(字符数组, 字符串);

【说明】

① 该函数把"字符串"连接到"字符数组"中的字符串尾端,并存储于"字符数组"中。

② "字符数组"中原来的结束标志,被"字符串"的第一个字符覆盖,而"字符串"在操作中未被修改。

③ 字符数组应该有足够的空间来容纳两字符串合并后的内容。

【例6-13】strcat的使用。

程序代码

```
#include <stdio.h>
#include<string.h>
int main()
{
    char st1[30]="The sting is ";
    char st2[10]= "China";           /*将字符串st2连接到字符串st1后面*/
    strcat(st1,st2);                 /*输出连接后的字符串*/
    puts(st1);
    return 0;
}
```

运行程序的结果:

    The sting is China

6. 求字符串长度函数strlen()

调用的一般格式:

    strlen(字符串);

【说明】

该函数是求字符串的实际长度（不包含结束标志），并且作为函数值返回。

【例6-14】strlen的使用。

程序代码

```
#include <stdio.h>
#include<string.h>
int main()
{
    int length;
    char str[]="CHINA";
    length =strlen(str);                /*将字符串str的长度返回给变量length */
    printf("The lenth of the string is %d\n", length);
    return 0;
}
```

运行程序的结果：

The length of the string is 5

6.4.6　字符数组应用举例

【例6-15】字符串排序，要求输入5个学生的名字，按字母序（升序）输出。

程序代码

```
#include<stdio.h>
#include<conio.h>
#define BUFFSIZE 100
int main()
{
    char name[5][10],buff[BUFFSIZE];
    int i,j,k, n;
    n=0;                        /*输入5个学生的名字*/
    for(i=0;i<5;i++)
    {
        printf("Please input the name of %dth student:\n",i+1);
        gets(buff);
        if(strlen(buff)>10)
        {
            printf("the length of the name is larger than 10\n");
            continue;
        }
        strcpy(name[i],buff);
    }
    for(j=0;j<5;j++)            /*采用选择排序的方法对学生名字进行排序*/
    {
        k=5-j;
        for(i=0;i<5-j;i++)
            if(strcmp(name[i],name[k])>0)
                k=i;
```

```
        if(k!=5-j)
        {
            strcpy(buff,name[k]);
            strcpy(name[k],name[5-j]);
            strcpy(name[5-j],buff);
        }
    }
    for(i=0;i<5;i++)                    /*输出排序结果*/
        printf("%s\n",name[i]);
    return 0;
}
```

假如我们输入：

Please input the name of 1th student:

Tom

Please input the name of 2th student:

John

Please input the name of 3th student:

Rose

Please input the name of 4th student:

Luicy

Please input the name of 5th student:

Zhang

程序的运行结果是：

John

Luicy

Rose

Tom

Zhang

让我们来分析一下程序：

程序中，我们使用了一个二维数组name来存放各个学生的名字，并且允许学生的名字最长是10个字符。在对字符串进行"赋值"时，我们使用了字符串复制函数strcpy，而不能像整型变量那样直接赋值。在这里我们使用冒泡排序的方法（在6.2.4节已经介绍过）进行排序。其中我们使用了字符串比较函数strcmp。

课后总复习

一、选择题

1. 以下叙述中错误的是（   ）。

   A) 对于double类型数组，不可以直接用数组名对数组进行整体输入或输出

   B) 数组名代表的是数组所占存储区的首地址，其值不可改变

   C) 在程序执行中，数组元素的下标超出所定义的下标范围时，系统将给出"下标越界"的出错信息

   D) 可以通过赋初值的方式确定数组元素的个数

2. 以下叙述中正确的是（   ）。

   A) 在给p和q数组赋初值时，系统会自动添加字符串结束符，故输出长度都为3

   B) 由于p数组中没有字符串结束符，长度不能确定，但q数组中字符串长度为3

   C) 由于q数组中没有字符串结束符，长度不能确定，但p数组中字符串长度为3

   D) 由于p和q数组中都没有字符串结束符，故长度都不能确定

3. 以下能正确定义一维数组的选项是（   ）。

   A) int a [5] ={0,1,2,3,4,5};   B) char a [ ] ={0,1,2,3,4,5};

   C) char a={'A','B','C'};   D) int   a [5] ="0123";

4. 已有定义: char a[]="xyz",b[]={'x', 'y', 'z'};, 以下叙述中正确的是（   ）。

A) 数组*a*和数组*b*的长度相同 　　　　　　B) 数组*a*长度小于数组*b*长度

C) 数组*a*长度大于数组*b*长度　　　　　　　D) 上述说法都不对

5. 有以下程序:

```
main()
 {
    int  a[]={2,4,6,8,10},y=0,x,*p;
    p=&a[1];
```
```
for(x=1;x<3;x++)y+=p[x];
printf("%d\n",y);
 }
```

程序运行后的输出结果是（   ）。

A) 10　　　　　　　　B) 11　　　　　　　　C) 14　　　　　　　　D) 15

6. 有以下程序:

```
void sum(int  a[])
 { a[0]=a[-1]+a[1];}
main()
 {
```
```
int a[10]={1,2,3,4,5,6,7,8,9,10};
sum(&a[2]);
printf("%d\n",a[2]);
 }
```

程序运行后的输出结果是（   ）。

A) 6　　　　　　　　　B) 7　　　　　　　　C) 5　　　　　　　　D) 9

7. 下面程序的输出结果是（   ）。

```
main()
 {
    char str[10],c='a';
    int i=0;
```
```
for(; i<5; i++)
     str[i]=c++;
printf("%s",str);
 }
```

A) abcde　　　　　　B) a　　　　　　　　　C) 不确定　　　　　　D) bcdef

8. 有如下说明:

```
int a[10]={1,2,3,4,5,6,7,8,9,10},*p=a;
```

则数值为9的表达式是（   ）。

A) *p+9　　　　　　　B) *(p+8)　　　　　　C) *p+=9　　　　　　D) p+8

9. 有如下程序:

```
main()
 {
    int a[3][3]={{1,2},{3,4},{5,6}},i,j,s=0;
    for(i=1;i<3;i++)
```
```
for(j=0;j<=i;j++)
     s+=a[i][j];
printf("%d\n",s);
 }
```

该程序运行后的输出结果是（   ）。

A) 18　　　　　　　　B) 19　　　　　　　　C) 20　　　　　　　　D) 21

二、填空题

1. 以下程序的功能是输出如下形式的方阵:

```
13  14  15  16
 9  10  11  12
 5   6   7   8
 1   2   3   4
```

请填空。

```
main()                                    for(i=1;i<=4;i++)
{                                         { x=(j-1)*4+__;printf("%4d",x);}
    int  i,j,x;                           printf("\n");
    for(j=4;j_____;j--)              }
    {                                 }
```

2. 以下函数rotate的功能是：将a所指N行N列的二维数组中的最后一行放到b所指二维数组的第0列中，把a所指二维数组中的第0行放到b所指二维数组的最后一列中，b所指二维数组中其他数据不变。

```
#define    N    4                     {
void rotade(int  a[][N],int  b[][N])      b[i][N-1]=_____;
{                                         _____=a[N-1][i];
    int  i,j;                         }
    for(i=0;i<N;i++)              }
```

3. 以下程序运行后的输出结果是_____。

```
#include  <string.h>                      strcpy(x[i],ch);
main()                                for(i=0;i<3;i++)
{                                         printf("%s",&x[i][i]);
    char  ch[]="abc",x[3][4];         printf("\n");
    int  i;                           }
    for(i=0;i<3;i++)
```

学习效果自评

　　学完本章后，相信大家对数组的相关知识有了一定的了解。本章内容很多，在考试中涉及的内容非常多，希望读者在平时的学习中多下功夫，重点掌握数组（一维数组、二维数组和字符数组）的定义和引用，尤其是数组的初始化。下表是我们对本章比较重要的知识点进行的一个小结，大家可以检查自己对这些知识点的掌握情况。

掌握内容	重要程度	掌握要求	自评结果		
数组的概念	★★	能够理解数组与数组元素的基本概念	□不懂	□一般	□没问题
一维数组	★★★★★	能够熟练掌握一维数组的定义与初始化	□不懂	□一般	□没问题
二维数组	★★★★★	能够熟练掌握二维数组的定义与初始化	□不懂	□一般	□没问题
字符数组	★★★★★	能够熟练掌握字符数组的定义与初始化	□不懂	□一般	□没问题
字符串处理函数	★★★	能够熟练掌握常用的字符串处理函数	□不懂	□一般	□没问题

▶▶▶NCRE 网络课堂   http://www.eduexam.cn/netschool/C.html

教程网络课堂——结构体数组的定义和引用
教程网络课堂——数组的定义和初始化

第7章

函 数

 视频课堂

第1课	函数的定义	第2课	函数间的参数传递
	●函数定义的一般形式		●参数传递实例
	●函数的调用方式		●数组名作为参数的传递
			●函数的嵌套调用
			●函数的递归调用

章前导读

通过本章，你可以学习到：

◎C语言中库函数的使用

◎C语言中函数的定义、声明、调用

◎C语言中函数之间参数的传递

本章评估		学习点拨
重要度	★★★★★	在学习本章前，读者必须掌握C语言程序的基本构成，变量和标识符的定义和使用，以及简单的程序设计结构。 无论在笔试还是在上机考试中，本章内容都是考试重点，所占的间接分值也是最多的。 学习本章内容时，读者要在理解课本知识的基础上，多做上机练习，以便对书中的实例有一个直观的认识。同时，对于学习流程图中指出的重点内容要着重理解和掌握。
知识类型	熟记和掌握	
考核类型	笔试+上机	
所占分值	笔试：10分　上机：20分	
学习时间	4课时	

本章学习流程图

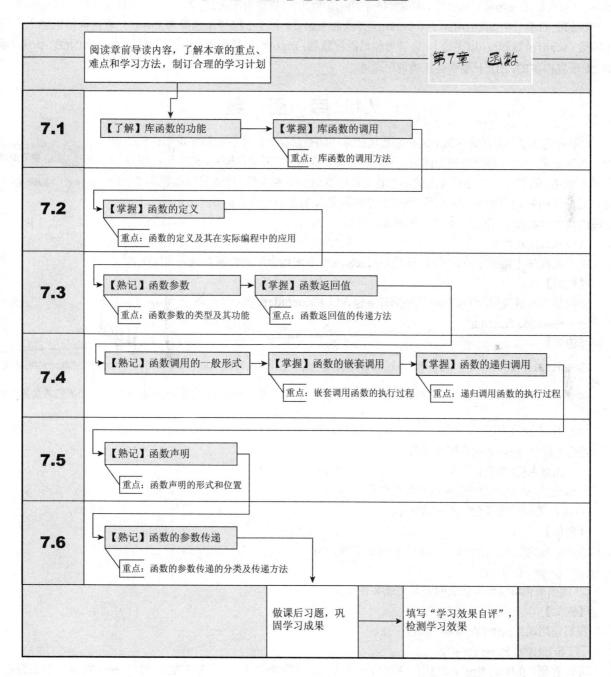

一个实用的C语言程序一般是由若干个函数组成的，这些函数都是根据要实现的要求，由用户自己编写的。在这些函数中可以调用C语言提供的库函数，也可以调用由用户自己或他人编写的函数。但是，一个C语言程序无论包含多少函数，它总是从main函数开始执行。本章将讨论如何调用C语言提供的库函数；如何自定义函数，并调用这些函数。

在前面的章节中，我们用到了以"main"开头的主函数，并且在程序中也经常会调用C语言提供的输入和输出库函数（scanf函数和printf函数）。读者可能已经注意到：main函数是由用户自己编写的，而scanf函数、printf函数则是C语言提供的，用户只要学会正确调用即可。

7.1 库 函 数

C语言提供了丰富的库函数，这些函数包括常用的数学函数、对字符和字符串进行处理的函数以及进行输入输出处理的函数。库函数由系统提供，无需用户编写，也不用在程序中作类型说明，但必须在程序最前面使用包含有该函数原型的头文件。读者只需根据需要，选用合适的库函数，正确地进行调用，就可以方便地完成指定的操作。本书附录中列出了常用的库函数供读者查阅。下面简单介绍库函数的使用。

【掌握】库函数的使用

（1）#include命令

用户在程序中调用库函数时，应该使用#include命令来包含库函数所对应的头文件名。

【例如】

调用数学库函数时，应该在源程序的开头包含以下#include命令：

    #include "math.h"

【说明】

① include命令必须以"#"号开头，系统提供的头文件是以.h作为文件的后缀，文件名用一对双引号" "或一对尖括号<>括起来。

② #include命令是C语言的编译预处理命令，不是C语句，不能在最后加分号。有关#include命令的使用我们将在第10章详细介绍。

（2）库函数的调用

在C语言中，库函数的调用形式为：

    函数名(参数表);

具体地说，库函数的调用可以有两种形式。

① 库函数可以出现在一个表达式中。

【例如】

求$y=x^2+1$的值可以通过调用库函数pow来实现，即：

    y=pow(x,2)+1;

② 库函数也可以作为独立的语句完成某种操作。

【例如】

我们使用函数printf在屏幕上输出信息。

    printf("C Program\n");

可以看到，在库函数printf调用之后加了一个分号，这样就构成了一条独立的语句，完成了输出一个字符串"C Program"的功能。

C语言提供的这些库函数是面向所有用户的,不可能满足每个用户的各种特殊需要,因此大量的函数必须由用户自己来编写。在本章后面的几个小节中,将逐步向读者介绍如何定义自己的函数,如何调用函数,以及如何向函数传递各种参数。

7.2　函　数　定　义

就像变量在使用前必须定义一样,函数在使用前也必须先定义,C语言中,函数定义的一般形式如下:

　　　数据类型 函数名(数据类型 形式参数1,数据类型 形式参数2,…)

　　　{

　　　　　说明部分

　　　　　语句部分

　　　}

学习提示

【掌握】函数的定义

【说明】

① "数据类型"指的是"函数返回值"(将在7.3.2节中介绍)的类型,缺省时默认为int型。

② 函数名后括号内的数据称为"函数参数",其中列出的是各个参数的数据类型和名称,这些参数称为形式参数,简称形参,括号内的内容又称为形参列表。函数名和形参都是用户命名的标识符,必须符合标识符的命名规则。在7.3.2节中详细向读者介绍函数的参数。

③ 函数返回值、函数名和形参列表统称为函数头,一对花括号"{}"内的部分称为函数体,函数体内包括变量说明和语句两部分。

④ 在以往的C语言版本中,函数的定义也可以采用如下形式:

数据类型 函数名(形式参数1,形式参数2,…)

形参类型说明;

{

　　说明部分

　　语句部分

}

新的ANSI标准C兼容这种形式的函数定义。

【例如】

　　　float fun(int x,int y)

　　　{…}

分析此函数的定义可知:

① 定义了一个名为fun的函数;

② 该函数的返回值是float型;

③ 该函数有两个形参x和y,都是int类型;

④ 根据老版本的C语言标准,这种定义方式也可以等价于:

　　　float fun(x,y)

　　　 int x,int y;　/*形参类型说明部分*/

　　　{}

【例7-1】编写求两个单精度数之和的函数。

程序代码

```
float add(float x,float y)
{  float s;
   s=x+y;
   return s;
}
```

【说明】

① 在此程序中，float add(float x,float y)称为函数头，add是函数名，这是由用户自定义的标识符。在它前面的float是数据类型，用来说明函数返回值的类型。函数值的类型可以是整型、实型、字符型、指针和结构体类型。

② 函数名后一对圆括号中是形式参数和类型说明表，本例中只有两个形参x和y。

③ 以上add函数后的一对花括号之间是函数体，函数中的语句用来完成函数的功能，本例中是完成求x和y的和。

 请注意　函数的定义可以放在任意位置，既可放在主函数main之前，也可放在main之后，这一特性称为函数定义的位置无关性。

在一个函数的函数体内，不能再定义另一个函数，即函数不能嵌套定义。

函数体可以是空的，即什么也不做。

7.3　函数的参数和返回值

7.3.1　函数参数

学习提示

【掌握】函数的参数和函数的返回值

函数参数有两种：形式参数（简称形参）和实际参数（简称实参）。

1. 形式参数

函数定义时函数名后括号内是形参列表，每个形参由类型和名称两部分组成。各形参之间用逗号隔开，如：

　　int f(int x,int y)

　　{}

在这个例子中，参数x和y都是形参。在定义函数时，系统并不给形参分配存储单元，当然形参也没有具体的数值，所以称它为形参，也称虚参。形参在函数调用时，系统暂时给它分配存储单元，以便存储调用函数时传来的实参。一旦函数结束运行，系统马上释放相应的存储单元。

2. 实际参数

函数调用时函数名后括号内是实参列表（将在7.4节中介绍函数的调用），实参可以是常量、变量或表达式。

从函数参数角度，函数可分为以下两类。

（1）无参函数

此类函数在定义、说明、调用时均不带参数，但函数名后的一对圆括号"()"和一对花括号"{}"不能省略。

【例如】

　　int fun()

　　{…}

这里我们定义了一个名为fun的函数，并且此函数的参数列表是空的。

（2）有参函数

此类函数在定义、说明、调用时均带参数，通常情况下，应该给出函数的类型，即函数返回值的类型。

【例如】

    int fun(int a,int b)

    {…}

这里我们定义了一个名为fun的函数，其参数列表中有两个参数a和b，它们的类型都是整型，并且函数返回值的类型是int型。

7.3.2　函数返回值

函数的返回就是函数执行结束，返回到调用它的函数。当函数返回到主调函数时，有时会有数据带给主调函数，也可以没有任何数据返回给主调函数。返回的数据称为函数的返回值，通常用return语句来实现返回。return语句的一般形式为：

    return(表达式);

return语句的有以下3个功能：

① 返回一个值给主调函数，其中的一对圆括号为可选项；

② 释放在函数的执行过程中所分配的所有内存空间；

③ 结束被调函数的运行，回到主调函数中，继续执行主调函数调用处下面的语句。

【说明】

① return的作用就是返回"表达式"的值。return语句应书写在函数体的算法实现部分，圆括号可以省略。

② 函数中的return语句可有可无，如果需要从被调用函数带回一个函数值给主调函数，则被调用函数必须包含return语句，如果不需要从被调用函数带回函数值，可以不要return语句。

③ 一个函数中可以有一个以上的return语句，执行到哪一个return语句，哪一个return语句起作用。

④ 如果函数返回值的类型和return语句中表达式的值的类型不一致，则以函数类型为准。对数值型数据，可以自动进行类型转换。即函数类型决定返回值的类型。

⑤ 如果被调用函数中没有return语句，函数并不是不带回值，而只是不带回有用的值，带回的是一个不确定的值，所以为了明确表示"不带回值"，可以用"void"定义函数返回值为"空类型"。

【例如】

    void printf_message()

    {…}

若主调函数中有下面的语句：

    a=printf_message();

则该用法就是错误的，因为函数printf_message的返回值为"void"类型，则函数不带回任何值，即禁止在调用函数中使用被调用函数的返回值。

【例7-2】函数返回值示例。

程序代码

```c
#include <stdio.h>
max(float x,float y)
{
    float z;
    z=x>y?x:y;
    return (z);
}
main()
{
    float a,b;
    int c;
    scanf("%f,%f",&a,&b);
    c=max(a,b);
    printf("Max is %d\n",c);
}
```

程序运行时输入"1.5,2.5"，则输出结果为：

　　Max is 2

分析此例的结果，函数max的返回值定义为整型，而return语句中的z为实型，二者类型不一致，按上述规定，先将z转换为整型，然后max(x,y)传递一个整型值2给主调函数main。所以程序的运行结果是Max is 2。

 编写函数时，应分析该函数中哪些量是函数的已知量，哪些是函数需要得到的结果。设计时将已知数据作为函数的形参，已知数据有几个，形参就有几个。未知数据正是函数需要得到的结果。除需要分析已知量和未知量外，还需要确定已知和未知的数据类型，从而完成对函数头的设计。

7.4 函数的调用

7.4.1 函数调用的一般形式

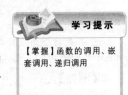

学习提示

【掌握】函数的调用、嵌套调用、递归调用

函数调用就是使用已经定义的函数，通常通过对函数的调用来执行被调用的函数体。当函数被调用时，函数对应的程序代码才开始执行，才能实现相应的函数功能。函数调用的一般形式为：

　　函数名(数据类型 实际参数1,数据类型 实际参数2,…);

【说明】

① "函数名"要与被调用函数定义时的名称一致。
② 实参列数表中的参数可以是常数、变量或其他构造类型数据及表达式，各实际参数之间用逗号分隔。
③ 实参与函数定义时的形参要按顺序一一对应，类型也应该一致。
④ 对无参函数调用时则无实际参数表，其调用的一般格式为：

函数名();

【例7-3】函数调用示例。

程序代码

```
#include <stdio.h>
int f(int a,int b)        /*被调用函数,其中有两个形参,且被定义为int型*/
{
    int c;
    if(a>b) c=1;
    else if(a==b) c=0;
    else          c=-1;
    return (c);
}
main()
{
  int i=2,y;
    y=f(i,++i);            /* 主调函数,传递两个int型的实参给被调用函数f*/
  printf("%d",y);
}
```

分析这个函数调用实例可知：

① main函数称为调用函数，即主调函数，函数f(int a,int b)称为被调用函数；

② 函数f有两个形参，因此在调用此函数时，为此函数传递了两个与形参类型兼容的实参；

③ 在调用函数f之前，已经对此函数进行了定义；

④ 函数f返回一个整型的数据给主调函数，在main函数中将这个返回值存储在变量y中。

在例7–3中，将函数的返回值赋给一个变量，另外，函数也可以作为一个语句，即一般形式加上分号，这时不要求函数带回值，只要求函数完成一定的操作。

【例如】

　　　printf ("%D",a);

　　　scanf ("%d",&b);

这两条语句都是以函数语句的方式调用函数。

7.4.2　函数的嵌套调用

C语言不能嵌套定义函数，但可以嵌套调用函数。函数的嵌套调用就是在被调用的函数中又调用另一个函数，一个简单的嵌套调用过程见图7–1。

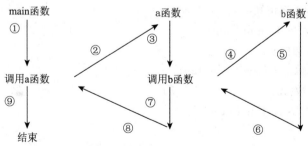

图7–1　函数嵌套调用示意图

图7–1表示的是两层嵌套（连同main函数共3层函数），其执行过程如下所述：

① 执行main函数的开头部分。

② 遇调用a函数的语句,程序转去执行a函数。

③ 执行a函数的开头部分。

④ 遇调用b函数的语句,程序转去执行b函数。

⑤ 执行b函数,如果再无其他嵌套的函数,则完成b函数的全部操作。

⑥ 返回b函数的调用处,即返回a函数。

⑦ 继续执行a函数中尚未执行的部分,直到a函数结束。

⑧ 返回main函数中a函数的调用处。

⑨ 继续执行main函数的剩余部分直到结束。

【例7-4】函数嵌套调用示例。

程序代码

```
#include <stdio.h>
void fun1()
{
    printf ("Now I'm in fun1\n");
    fun2();                          /*fun1函数体内调用fun2函数*/
}
void fun2()
{
    printf ("Now I'm in fun2\n");
}
main()
{
    printf ("I'm in main\n");
    fun1();                          /*主函数体内调用fun1函数*/
    printf ("Now I'm in main\n");
}
```

程序的运行结果是:

　　I'm in main

　　Now I'm in fun1

　　Now I'm in fun2

　　Now I'm in main

分析这段程序的函数调用关系可知:

① 首先进入main函数,输出"I'm in main";

② 在main函数中,调用函数fun1;

③ 进入函数fun1后,首先输出"Now I'm in fun1";

④ 在函数fun1中,调用函数fun2;

⑤ 进入函数fun2后,输出"Now I'm in fun2";

⑥ 返回到函数fun1;

⑦ 返回到函数main;

⑧ 输出"Now I'm in main"。

7.4.3　函数的递归调用

在调用一个函数的过程中又出现直接或间接的调用该函数本身,称为函数的递归调用。递归调用分为直接递归调用和间接递归调用两种。

函数的直接递归调用,见图7-2。

图7-2　函数的直接递归调用　　　　　图7-3　函数的间接递归调用

函数的间接递归调用,也就是一个函数通过另外一个函数间接地调用自身,见图7-3。

从图7-2和图7-3可以看出,这两种递归调用都是无终止的自身调用。显然,程序中不应该出现这种无终止的递归调用,而只应出现有限次的、有终止的递归调用。此时应特别注意递归的结束条件,仔细推敲它是否真正有效,通常在函数内部加上一个条件判断语句,在满足条件时停止递归调用,然后逐层返回。

【例7-5】用递归方法求$n!$(n的阶乘)的值。

求$n!$可以用递归方法,从1开始,乘2,再乘3······一直乘到n,即5!等于4!×5,而4!=3!×4,···,1!=1。可用下面的递归公式表示:

$$n!=\begin{cases} 1 & (n=0,1) \\ n\times(n-1)! & (n>1) \end{cases}$$

程序代码

```c
#include<stdio.h>
unsigned long mul(int n)
{
    unsigned long p;
    if(n>1)
        p=n*mul(n-1);        /*递归调用计算n!*/
    else
        p=1L;
    return(p);               /*返回结果*/
}
main()
{
    int m;
    puts("Calculate n!n=?\n");          /*调用字符串输出函数*/
    scanf("%d", &m);                     /*键盘输入数据*/
    printf("%d!=%ld\n", m, mul(m));      /*调用函数mul计算并输出*/
}
```

运行结果:

　　Calculate n!n=?

输入5时结果为:

　　5!=120

从前面的实例分析中可以看出,一个有意义的递归算法应该满足以下条件:

① 可以将要解决的问题分解为一个新的问题,而这个新问题是原问题的一个子问题,即新问题的解法仍与原问题相同,只是原问题的处理对象有规律地转化,这种转化过程可以使问题得到解决。

【例如】

上面的5! 即mul(5)看作是mul(4)×5,而mul(4)又看作是mul(3)×4,…, mul(1) ×1,这样,问题的对象由求5! 转化为求5×4×3×2×1。

② 必须有一个确定的结束条件,在满足条件时返回。

【例如】

当上面问题的对象小于或等于1时就结束了递归,返回到上级调用,依次计算,最终得到正确的运算结果。

7.5　函数的声明

7.5.1　函数声明的形式

学习提示

【掌握】函数声明的形式和位置

读者首先应该要能够区分函数的"定义"和"声明",它们并不是同一个概念。

函数的"定义"是指对函数功能的确立,包括指定函数名、函数值类型、形参及其类型、函数体等,它是一个完整的、独立的函数单位。

函数"声明"是指利用它在程序的编译阶段对调用函数的合法性进行全面检查,它把函数的名字、函数类型以及形参的类型、个数和顺序通知编译系统,以便在调用该函数时系统按此声明进行对照检查。例如,函数名是否正确、实参与形参的类型和个体是否一致等。函数的"声明"是一条语句。

在C语言中,除了主函数main外,对于用户定义的函数要遵循"先定义,后使用"的规则。凡是未在调用前定义返回类型的函数,C编译程序都默认函数的返回值为int类型。对于返回值为其他类型的函数,若把函数的定义放在调用之后,应该在调用之前对函数进行声明。

函数声明的一般形式如下:

　　函数返回值的数据类型　函数名(参数类型1, 参数类型2,…);

或者:

　　函数返回值的数据类型　函数名(参数类型1 形参名1,参数类型2　形参名2,…);

【例如】

如果存在一个函数定义如下:

　　double mul(double x,double y)

　　{…}

此函数可以声明为:

　　double mul (double ,double);

也可以是:

double mul (double x,double y);

【说明】

① 函数声明中的参数名可以省略,可以是任意合法的用户标识符,可以不必与函数定义中的形参名一致,也可以与程序中的其他用户标识符同名。

② 函数声明语句中的"函数返回值的数据类型"必须与函数返回值的类型一致。

③ 如果函数的返回值是整型或字符型,可以不必进行声明,系统对它们自动按整型声明。

④ 函数声明可以是一条独立的语句,也可以与普通变量一样出现在同一个定义语句中,需要注意的是,不要漏掉语句末尾的分号";"。

【例如】

有函数声明如下:

double mul (double ,double);

也可以是如下形式:

double a, b, mul (double ,double);

这里函数mul的声明与普通变量a和b的定义放在同一个语句中。

7.5.2　函数声明的位置

对被调用函数的声明有两种方式:外部声明和内部声明。在调用函数内对被调函数所作的声明称为内部声明,也称为局部声明;在函数外进行的函数声明称为外部声明,如果声明在程序最前端,外部声明又称为全局声明。

【说明】

① 如果将被调函数的定义放在主调函数前,那么这个被调函数不需要声明。

② 内部声明过的函数只能在声明它的调用函数内调用。外部声明过的函数,从声明处到本程序文件结束都可以被调用。

③ 内部声明应放在调用函数的数据描述部分,外部声明可以出现在程序中任何函数外。

7.6　函数参数传递

C语言中,调用函数和被调用函数之间的数据可以通过3种方式进行传递。

① 实参和形参之间进行数据传递。

② 通过return语句把函数值返回调用函数。

③ 通过全局变量。但这一种方式有弊端,通常不提倡使用。

学习提示

【掌握】函数的形参、实参和参数传递的方式

C语言规定,数据只能由实参单向传递给形参称为"值传递",而不能由形参传回来给实参。简单变量作参数时,不能在函数中改变对应实参的值。

数组名、指针等作参数,实参传递给形参的是地址值,这样形参和实参就指向同一段内存单元,在函数体内对形参数据的改变也将影响到实参。在第9章中将介绍数组名和指针作函数实参的情况。

【例7-6】实参和形参的结合方式示例。

程序代码

```
float add(float  x, float  y)
{
  float z;
  z=x+y;
  return(z);
}
main()
{
  float a,b,sum;
  scanf("%f,%f",&a,&b);
  sum=add(a,b);
  printf("sum=%f\n",sum);
}
```

此程序从主函数开始执行，首先输入a、b的数值（假如输入3、5），接下来调用函数add(a,b)。分析函数add的调用过程如下所述：

① 给形参x, y分配内存空间。

② 将实参b的值传递给形参y, a的值传递给形参x, 于是y的值为5, x的值为3。

③ 执行函数体add, 其具体过程如下：

● 给函数体内的变量分配存储空间，即给z分配存储空间；

● 执行算法实现部分，得到z的值为8；

● 执行return语句，将返回值返回主调函数，即将z的值返回给main()函数。然后释放函数调用过程中分配的所有内存空间，即释放x, y, z的内存空间。结束函数调用，将流程控制权交给主调函数。

④ 调用结束后继续执行main()函数直至结束。函数调用前后实参、形参的变化情况如图7-4所示。

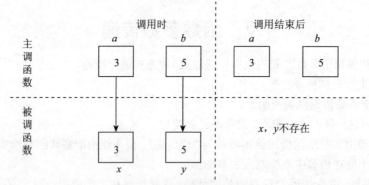

图7-4　实参和形参的变化示意图

函数也可以作为另一个函数调用的实际参数。此实例是把函数的返回值作为另一个函数的实际参数进行传送，因此要求该函数必须是有返回值的。也可以采用如下的方式将函数的返回值传递给另一个函数：

　　printf("sum=%f\n", add(a,b));

即是把函数add的返回值又作为printf函数的实际参数来使用的。

课后总复习

一、选择题

1. 以下叙述中错误的是（　　）。
   A）C程序必须由一个或一个以上的函数组成　　B）函数调用可以作为一个独立的语句存在
   C）若函数有返回值，必须通过return语句返回　　D）函数形参的值也可以传回给对应的实参

2. 有以下程序：
```
void swap1(int c[])
{
    int t;
    t=c[0];c[0]=c[1];c[1]=t;
}
void swap2(int c0,int c1)
{
    int t;
    t=c0;c0=c1;c1=t;
}
main()
{
    int a [2]={3,5},b [2]={3,5};
    swap1(a);
    swap2(b [0],b [1]);
    printf("%d  %d  %d  %d\
n",a [0],a [1],b [0],b [1]);
}
```
   其输出结果是（　　）。
   A）5 3 5 3　　　　　　　B）5 3 3 5　　　　　　C）3 5 3 5　　　　　　D）3 5 5 3

3. 已定义以下函数：
```
int fun(int *p)
{
    return *p;
}
```
   fun函数返回值是（　　）。
   A）不确定的值　　　　　B）一个整数　　　　　C）形参p中存放的值　　　　D）形参p的地址值

4. 有以下程序：
```
int fun1(double a)
{
    return a*=a;
}
int fun2(double x,double y)
{
    double a=0,b=0;
    a=fun1(x);b=fun1(y);return(int)(a+b);
}
main()
{
    double w;
    w=fun2(1.1,2.0);
}
```
   程序执行后变量w中的值是（　　）。
   A）5.21　　　　　　　　B）5　　　　　　　　　C）5.0　　　　　　　　D）0.0

5. 以下关于函数的叙述中正确的是（　　）。
   A）每个函数都可以被其他函数调用（包括main函数）
   B）每个函数都可以被单独编译
   C）每个函数都可以单独运行
   D）在一个函数内部可以定义另一个函数

6. 设函数fum的定义形式为：
   void fun(char ch,float x){…}
   则以下对函数fun的调用语句中，正确的是（　　）。
   A）fun('abc',3.0);　　　　B）t=fum('D',16.5);　　　C）fun('65',2.8);　　　D）fun(32,32);

7. 在函数调用过程中，如果函数funA调用了函数 funB，函数funB又调用了函数funA，则（　　）。
   A）称为函数的直接递归调用　　　　　　　　　B）称为函数的间接递归调用
   C）称为函数的循环调用　　　　　　　　　　　D）C语言中不允许这样的递归调用

8. 有以下程序:
```
void f(int v , int  w)
{
    int t;
    t=v;v=w;w=t;
}
main()
{
    int x=1,y=3,z=2;
    if(x>y)  f(x,y);
    else if(y>z)  f(y,z);
    else  f(x,z);
    printf("%d,%d,%d\n",x,y,z);
}
```
执行后输出结果是（　　）。

A）1,2,3　　　　　　　　B）3,1,2　　　　　　　　C）1,3,2　　　　　　　　D）2,3,1

9. 有以下程序:
```
char fun(char x , char y)
{
    if(x<y) return x;
    return y;
}
main()
{
    int a='9',b='8',c='7';
    printf("%c\n",fun(fun(a,b),fun(b,c)));
}
```
程序的执行结果是（　　）。

A）函数调用出错　　　　　B）8　　　　　　　　　C）9　　　　　　　　　D）7

10. 若程序中定义了以下函数:
```
double   myadd(double a,double b)
{
    return (a+b);
}
```
并将其放在调用语句之后, 则在调用之前应该对该函数进行说明, 以下选项中错误的说明是（　　）。

A）double myadd(double a,b);

B）double myadd(double,double);

C）double myadd(double b,double a);

D）double myadd(double x,double y);

二、填空题

1. 以下程序运行后的输出结果是____。
```
void swap(int x,int y)
{
    int t;
    t=x;x=y;y=t;
    printf("%d %d",x,y);
}
main()
{
    int a=3,b=4;
    swap(a,b);
    printf("%d  %d\n",a,b);
}
```

2. 以下sum函数的功能是计算下列级数之和。

$s=1+x+x^2/2!+x^3/3!+\cdots+x^n/n!$

请给函数中的各变量正确地赋初值。
```
double  sum( double x, int n)
{
    int i;
    double a,b,s;
    _____
    for( i=1;i<=n;i++)
    {
        a=a*x;  b=b*i;  s=s+a/b;
    }
    return s;
}
```

3. 下面程序的运行结果是____。
```
fun(int t[],int n)
{
    int i,m;
    if(n==1) return t[0];
    else
    if(n>=2)
    {
        m=fun(t,n-1);
        ...
        return m;
    }
}
main()
{
    int a[]={11,4,6,3,8,2,3,5,9,2};
    printf("%d\n",fun(a,10));
}
```

4. 有以下程序：

```
int sub(int n)
{
    return(n/10+n%10);
}
main()
{
```

```
int x,y;
scanf("%d",&x);
y=sub(sub(sub(x)));
printf("%d\n",y);
}
```

若运行时输入：1234<回车>，程序的输出结果是____。

5. 以下程序运行后的输出结果是____。

```
int f(int a[],int n)
{
    if(n>=1)return f(a,n-1)+a[n-1];
    else  return  0;
}
```

```
main()
{
    int aa[5]={1,2,3,4,5},s;
    s=f(aa,5);  printf("%d\n",s);
}
```

学习效果自评

学完本章后，相信大家对函数的使用有了一定的了解，本章内容很多，在考试中涉及的内容较广，希望读者在平时的学习中多下功夫，重点是函数的定义和使用。下表是我们对本章比较重要的知识点进行的一个小结，大家可以检查自己对这些知识点的掌握情况。

掌握内容	重要程度	掌握要求	自评结果		
模块化程序设计的概念	★★★	理解模块化程序设计的思想	□不懂	□一般	□没问题
库函数	★★★	能够掌握基本库函数的使用	□不懂	□一般	□没问题
函数的定义	★★★★	能够熟练掌握函数的定义方法	□不懂	□一般	□没问题
函数的调用	★★★★	能够熟练掌握函数的调用方式	□不懂	□一般	□没问题
函数的声明	★★★★	能够熟练掌握函数声明的形式	□不懂	□一般	□没问题
函数参数的传递	★★★★	能够熟练掌握函数之间参数的传递	□不懂	□一般	□没问题

▶▶▶ NCRE 网络课堂　　http://www.eduexam.cn/netschool/C.html

教程网络课堂——C语言函数参数的传递

教程网络课堂——C语言函数的递归和调用

教程网络课堂——C语言函数的调用与参数

教程网络课堂——深入了解C语言中函数的使用

第8章
变量的作用域和存储类别

 视频课堂

章前导读

通过本章，你可以学习到：

◎ C语言中变量的作用域

◎ C语言中变量的存储类别

◎ C语言中函数的存储类别

本章评估		学习点拨
重 要 度	★★★	本章内容是学习C语言的难点之一，但在考试中对本知识点的考查较少。 　　本章知识点大多需要理解，读者首先应通过"本章学习流程图"总体把握本章的知识点，在学习的过程中还应多思考前面所学的变量及函数等方面的知识。
知识类型	熟记和掌握	
考核类型	笔试+上机	
所占分值	笔试：8分	
学习时间	2课时	

本章学习流程图

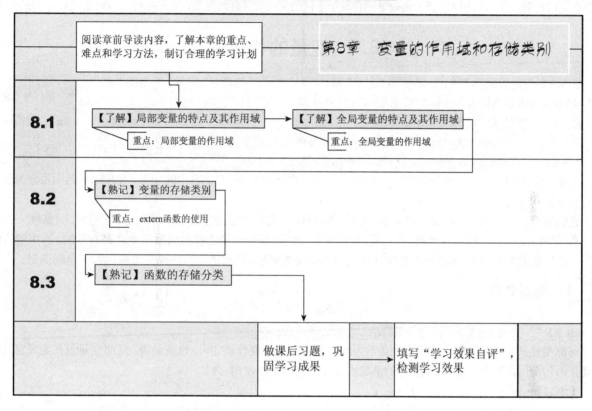

在第2章中已经介绍过，在C语言中变量必须"先定义后使用"。在程序中，变量定义在什么位置？一个定义了的变量是否随处可用？这就涉及变量的作用域问题；经过赋值的变量是否在程序运行期间一直能保存其值？这就涉及变量的生存期的问题；当一个程序的若干函数分别存放于不同的文件时又有何限制？本章将对这些问题进行详细的介绍。

8.1　变量的作用域

在第7章我们曾向读者介绍：函数的"定义"和"声明"是不同的概念。同样，变量的"定义"和"声明"也是不同的，在本章中，我们应该特别注意"定义"和"说明"这两个词。

学习提示

【理解】 变量的作用域

定　义	是指给变量分配确定的存储单元。
说　明	是指说明变量的性质，而并不是分配确定的存储单元。
作用域	是指变量在程序中可以被使用的有效范围，又称为变量的作用域。

变量的作用域与其定义语句在程序中出现的位置有直接的关系。C语言中的变量，按作用域范围可分为两种，即局部变量和全局变量。

我们知道，国家有统一的法律和法令，各省还可以根据需要制定地方的法律和法令。在甲省，国家统一的法律法令和甲省的法律法令都是有效的，在乙省，则国家统一的法律法令和乙省的法律法令也是有效的。而甲省的法律法令在乙省是无效的。甲省或乙省的法律法令就相当于局部变量，国家统一的法律法令就相当于全局变量。

8.1.1　局部变量

局部变量	也称内部变量，是指在一个函数内部或复合语句内部定义的变量。

局部变量的作用域是定义该变量的函数内或定义该变量的复合语句内。也就是说，局部变量只在定义它的函数或复合语句范围内有效，只能在定义它的函数或复合语句内才能使用它们。

【例如】

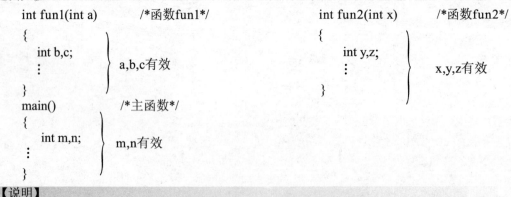

```
int fun1(int a)      /*函数fun1*/         int fun2(int x)      /*函数fun2*/
{                                         {
    int b,c;          ⎫ a,b,c有效             int y,z;          ⎫ x,y,z有效
    …                 ⎭                       …                 ⎭
}                                         }
main()               /*主函数*/
{
    int m,n;          ⎫ m,n有效
    …                 ⎭
}
```

【说明】

① 形式参数与实际参数范围不同，形式参数变量是属于被调函数的局部变量，实际参数变量是属于主调函数的局部变量。
② 局部变量可以同名。也就是说，允许在不同的函数中使用相同的变量名，它们代表不同的对象，分配不同的单元，互不干扰，也不会发生混淆。形式参数和实际参数的变量同名也是允许的。
③ 主函数的变量只能用于主函数中，不能在其他函数中使用。同时，主函数中也不能使用其他函数中定义的变量。因为主函数也是一个函数，它与其他函数是平行关系。这一点是与其他语言不同的，应予以注意。
④ 在一个函数内部，可以在复合语句内定义变量，这些变量只在本复合语句内有效。

【例如】

```
main()
{
    int x,y;
    ┊
    {
        int z;
        z=x+y;
        ┊
    }
    ┊
}
```

z在此范围内有效

x,y在此范围内有效

【例8-1】分析以下程序的输出结果。

程序代码

```
#include <stdio.h>
int func();
main()
{
    int a=1;
    func();
    printf("a=%d\n",a);
}
int func()
{
    int a;
    a=2;
    printf("a=%d\n",a);
}
```

程序的输出结果是：

    a=2
    a=1

分析这段程序可知：

① 在main函数中定义的变量a是局部变量，其作用范围就是main函数。

② 在func函数中定义的变量a也是局部变量，其作用范围就是func函数。

③ 尽管main函数中的变量a和func函数中的变量a同名，但互不影响。在main函数中调用func时，输出func函数中定义的变量a的值，当退出func函数时，func中的变量a消失，返回到main函数时，此时变量a为main函数中原来的a变量，它的值未曾改变，还是1。

8.1.2　全局变量

全局变量	也称外部变量，是指在函数外部任意位置上定义的变量。

全局变量的作用域是从定义变量的位置开始到本源文件结束，全局变量不属于哪一个函数，它可以被本源程

序文件的其他函数所共用。

【说明】

① 若全局变量的作用域内的函数或复合语句中定义了同名局部变量，则在局部变量的作用域内，同名全局变量被"屏蔽"，暂时不起作用。

② 由于在同一文件中的所有函数都能引用全局变量的值，因此如果在一个函数中改变了全局变量的值，就能影响到其他函数，从而降低了程序的可靠性和通用性，也会降低程序的清晰性。所以建议不必要时不要使用全局变量。

【例8-2】 分析以下程序的输出结果。

程序代码

```
int a=3,b=5;          /*a、b为全局变量，作用范围到本程序文件结束处*/
max(int a,int b)      /*a、b为局部变量*/
{
    int c;
    c=a>b?a:b;        }/*形参a、b的作用范围*/
    return (c);
}
main()
{
    int a=8;          /*a为局部变量*/
    printf("%d",max(a,b));  }局部变量a的作用范围
}
```

程序运行结果为：

　　8

分析这段程序可知：

① 第1行定义了全局变量 a、b，并对之进行初始化。

② 第2行开始定义函数max，a和b是形参，它们是局部变量。函数max中的a、b不是全局变量，全局变量a、b因为与函数max中的局部变量a、b同名，所以被"屏蔽"了，全局变量a、b在函数max范围内不起作用。在函数max中的形参变量a、b，它们的值是由实参传递进来的。

③ 最后4行是main函数，它定义了一个局部变量a，因此全局变量a在main函数范围内不起作用，而全局变量b在此范围内有效。因此printf函数中的max(a,b)相当于max(8,5)。程序运行的结果为8。

8.2　变量的存储类别

变量是程序中数据的传递者，它具有两种属性：数据类型和数据的存储类别。数据类型读者已经熟悉（如整型、字符型等），存储类别就是指数据的存储位置与生存期，而变量在内存中占据存储空间的时间称为变量的生存期。从变量值存在的时间（即生存期）角度划分，变量的存储方式可以分为静态存储方式和动态存储方式。

学习提示

【理解】变量的存储类别

静态存储方式	是指在程序运行期间分配固定的存储空间的方式。
动态存储方式	是指在程序运行期间根据需要动态分配存储空间的方式。

有4个说明符与这两种存储方式相关：auto（自动的）、static（静态的）、register（寄存器的）、extern（外部的）。这些说明符通常与类型名一起出现，它们可以放在类型名的左边，也可以放在类型名的右边，此时，变量定义

的一般形式可以写成：

> **存储类别 数据类型　变量名1, …, 变量名*n*;**

或

> **数据类型 存储类别　变量名1, …, 变量名*n*;**

【例如】

> auto int i,j;　　　　　　　　　　也可写成：　　　　　　　　int auto i,j;

全局变量存放在静态存储区中，在程序开始执行时给全局变量分配存储区，程序执行完毕后释放。在程序执行过程中它们占据固定的存储单元，而不是动态分配和释放的。在动态存储区中存放以下数据：

① 函数形参变量，在调用函数时给形参分配存储空间；

② 局部变量；

③ 函数调用时的现场保护和返回地址。

对以上这些数据，在函数调用开始时分配动态存储空间，函数结束时释放这些空间。

8.2.1　auto变量

auto变量又称为自动变量，它以关键字"auto"作为存储类别的声明，其中关键字"auto"可以省略。当在函数或复合语句内部定义变量时，如果没有指定存储类别，或使用了auto说明符，系统就认为所定义的变量具有自动类别。只有局部变量才能声明为自动变量，全局变量不能声明为自动变量。

【例如】

> auto int b,c=3;

这种定义方式等价于：

> int b,c=3;

自动变量具有如下的特点。

① 内存分配：调用函数或执行复合语句时，在动态存储区为其分配存储单元，函数或复合语句执行结束，所占内存空间即刻释放。

② 变量的初值：定义变量时若没赋初值，变量的初值不确定；如果赋初值则每次函数被调用时执行一次赋值操作。

③ 生存期：自动局部变量的存储单元是在程序执行进入到这些局部变量所在的函数体（或复合语句）时生成，退出其所在的函数（或复合语句）时消失。所以自动局部变量的生存期就是函数或复合语句的执行期间。

④ 作用域：从自动变量定义的位置开始到函数体（或复合语句）结束为止。

【例8-3】自动变量的作用域。

> ● **程序代码**

```
void sub(float a)
{
    int i;
    if(i>0)
    {
        int n = 0;
        printf("%d\n",n);
    }
}
```

在函数sub中，变量a、i、n都是auto变量，但a和i的作用域是整个sub函数，而n的作用域仅限于if子句内。

请注意　　自动变量可在各函数之间造成信息隔离，不同函数中使用了同名变量也不会相互影响。从而可避免因不慎赋值所导致的错误，影响到其他函数。

8.2.2　static变量

static变量又称为静态变量，它以关键字"static"作为存储类别的声明，其中关键字"static"不能省略。静态变量又根据作用范围的不同分为静态局部变量和静态全局变量。

【说明】
① 除形参外，局部变量和全局变量都可以定义为静态变量。
② 当在函数体（或复合语句）内部，用static说明符来说明一个变量时，称该变量为静态局部变量。
③ 如果希望某些全局变量只限于被本文件引用而不能被其他文件引用，这时可以在定义全局变量时前面加上一个static说明符，这样的全局变量就称为静态全局变量。即使不使用关键字，全局变量在定义时也默认为是静态的。

【例如】
　　　　static int b,c=3;
静态变量有如下几个特点。

① 内存分配：编译时，将其分配在内存的静态存储区中，在整个程序运行期间，静态变量在内存的静态存储区中占据着永久性的存储单元。即使退出函数，下次再进入该函数时，静态局部变量仍使用原来的存储单元。由于并不释放这些存储单元，因此这些存储单元中的值得以保留，因而可以继续使用存储单元中原来的值。

② 变量的初值：若定义时未赋初值，在编译时，系统自动赋初值为0；若定义时赋初值，则仅在编译时赋初值一次，程序运行后不再给变量赋初值。

③ 生存期：整个程序的执行期间。

④ 作用域：静态局部变量的作用域是它所在的函数（或复合语句）。

【例8-4】静态变量的应用。

程序代码

```
#include <stdio.h>
func(int a)
{
    int b=0;
    static c=3;
    a=c++,b++;
    return (a);
}
main()
{
    int a=2,i,k;
    for(i=0;i<2;i++)
            k=func(a++);
    printf("%d\n",k);
}
```

程序的输出结果是:

　　　4

分析该程序可知。

① func函数中的变量c是一个静态局部变量;

② main函数中调用func函数两次。

第1次调用k=func(2),在func函数中, c=3, 执行 "a=c++,b++; " 后, c=4, a=3, 返回k的值为3。

第2次调用k=func(3), 在func函数中, 不会执行c=3, c保留上次的值为4, 执行 "a=c++,b++; " 后, c=5, a=4, 返回k的值为4。所以程序输出结果是4。

　请注意　　static变量对于编写那些在函数调用之前必须保留局部变量值的独立函数是非常有用的。

8.2.3　register变量

　　register变量又称为寄存器变量, 它以关键字 "register" 作为存储类别的声明, 其中关键字 "register" 不能省略。register变量与auto变量的区别在于: 用register说明变量是建议编译程序将变量的值保留在CPU的寄存器中, 而不是像一般变量那样占内存单元。程序运行时, 访问存于寄存器内的值要比访问存于内存中的值快得多。因此当程序对运行速度有较高要求时, 把那些频繁引用的少数变量, 指定为register变量, 有助于提高程序的运行速度。

　　【例如】

　　　　register int b,c;

寄存器变量有如下几个特点。

① 只有函数内定义的变量或形参可以定义为寄存器变量。

② 受寄存器长度的限制, 寄存器变量只能是char、int和指针类型的变量。

③ CPU中寄存器的个数是有限的, 因此只能说明少量的寄存器变量。当没有足够的寄存器用来存放指定的变量时, 编译系统将其按自动变量来处理。

④ 由于寄存器变量的值是存放在寄存器中而不是内存中, 所以, 寄存器变量没有地址, 也不能对它进行求地址运算, 同时静态局部变量不能定义为寄存器变量。

　　【例如】

　　　　register int n=10;

　　　　int *p=&n;

这种使用方式是错误的。

⑤ 寄存器变量的说明应尽量靠近其使用的地方, 用完之后尽快释放其对寄存器的占用, 以便提高寄存器的利用率, 这可以通过把寄存器变量的声明和使用放在复合语句中来实现。

　　【例8-5】寄存器变量的使用。

```
main( )
{
  long int sum=0;
  register int i;
  for (i=1; i<=1000; i++)
    sum+=i;
  printf("sum=%ld\n ",sum);
}
```

程序输出结果：500500

在此程序中，用作循环变量的*i*被定义为register变量，以便加快求值速度。

8.2.4 extern变量

在8.1.2中我们介绍了全局变量，即在函数外部定义的变量。全局变量可以使用static和extern两种说明符。static说明的全局变量前面已经作了介绍。下面主要介绍用extern存储类别说明的全局变量。

extern说明的全局变量具有以下基本特点：

① 内存分配：编译时，将其分配在静态存储区，程序运行结束释放存储单元。

② 变量的初值：若定义变量时未赋初值，在编译时，系统自动赋初值为0。

③ 生存期：整个程序的执行期间。

如果不使用extern说明符，全局变量的作用域是从定义处开始到本程序文件结束。extern说明符的主要作用是扩展了全局变量的作用域。我们可以从以下两个方面来考虑。

1. 在同一编译单位内用extern说明符来扩展全局变量的作用域

如果全局变量不在文件的开头定义，其有效的作用范围只限于定义处到文件结束。如果在定义点之前的函数想引用该全局变量，则应该在引用之前用关键字extern对该变量作"全局变量声明"，以便通知编译程序，该变量是一个已经定义的全局变量，并分配了存储单元，不需要再为它另外开辟存储单元。这时的作用域扩展到从extern声明处起，延伸到该函数末尾。

【例8-6】用extern声明全局变量，扩展全局变量在同一编译单位内的作用域。

```
int max (int x, int y)        /*定义max函数*/
{
    int z;
    z=x>y? x:y;
    return(z);
}
main()
{
    extern int A,B;           /*全局变量声明*/
    printf ("%d",max(A,B));
}
int A=13,B=-8;               /*定义全局变量*/
```

程序运行结果如下：

        13

在本程序文件的最后1行定义了全局变量A、B，但由于全局变量定义的位置在函数main之后，因此本来在main函数中不能引用全局变量A和B。现在我们在main函数的第2行用extern对A和B进行"全局变量声明"，表示A和B是已经定义的全局变量（但定义的位置在后面）。这样在main函数中就可以合法地使用全局变量。一般做法是全局变量的定义放在引用它的所有函数之前，这样可以避免在函数中多加一个extern声明。

2. 在不同编译单位内用extern说明符来扩展全局变量的作用域

当一个程序由多个编译单位组成，并且在每个文件中均需要引用同一个全局变量时，若在每个文件中都定义了一个所需的同名全局变量，则在"连接"时会产生"重复定义"的错误。在这种情况下，单独编译每个文件时并无异常，编译程序将按定义分别为它们开辟存储空间；而当进行连接时，就会显示出错信息，指出同一个变量名进行了重复定义。解决的办法通常是：在其中一个文件中定义所有全局变量，而在其他用到这些全局变量的文件中用extern对这些变量进行声明，声明这些变量已在其他编译单位中定义，通知编译程序不必再为它们开辟存储单元。

【例8-7】用extern将全局变量作用域扩展到其他文件。

程序代码

```
/*file1.c  */                    /*file2.c */
int x=111,y;   /*定义全局变量*/   extern int x;    /*声明全局变量*/
main()                           fun1()
{                                {
    …                                printf("%d\n",x); /*输出结果为111*/
    fun1();                          …
    fun2();                      }
                                 fun2()
    …                            {
}                                    x++;
                                     printf("%d\n",x);   /*输出结果为112*/
                                     …
                                 }
```

上例中，在不同的编译单位内引用了全局变量x。即在文件file2.c中使用了文件file1.c中定义的全局变量。由于在file2.c中，说明语句extern int x;放在了文件开始，所以变量x的作用域包含了file2.c整个文件。若将这一说明改放在函数fun1内，x的作用域就只从说明的位置起延伸到函数fun1的末尾。也就是说，在函数fun2中将不能引用全局变量x了。

在使用全局变量时应该注意以下几点。

① 全局变量声明用关键字extern，而全局变量的定义不能用extern，只能隐式定义。

② 全局变量的声明与全局变量的定义不同，变量的定义只能出现一次，而对全局变量的声明，则可以多次出现在需要的地方。

③ 定义全局变量时，系统要给变量分配存储空间，而对全局变量声明时，系统不分配存储空间，只是让编译系统知道该变量是一个已经定义过的全局变量，与函数声明的作用类似。

④ 用extern声明全局变量时，类型名可以写也可以省写。如上例中的"extern int x;"也可以写成："extern x;"。

8.3 函数的存储分类

函数一旦定义后就可被本文件的其他函数调用,但函数能否被其他源文件中的函数调用则取决于函数的性质,从这一角度出发,我们把函数分为内部函数与外部函数。C语言不允许在函数内部定义另外一个函数,所以函数在本质上都是外部的。

8.3.1 内部函数

在一个源文件中定义的函数只能被本文件中的函数调用,而不能被同一源程序其他文件中的函数调用,这种函数称为内部函数。定义内部函数的一般形式是:

【理解】函数的存储分类

        static 返回值的类型 函数名(形式参数列表)
          { }

【说明】

> 内部函数也称为静态函数,但此处静态static的含义已不是指存储方式,而是指对函数的调用范围只局限于本文件,因此在不同的源文件中定义同名的静态函数不会引起混淆。

【例如】

        static int f(int a,int b)
          { }

这种方式的作用就是使得函数f只能在本文件中调用,而不能在别的源文件中调用。

8.3.2 外部函数

当定义一个函数时,若在函数返回值的类型前加上说明符"extern"时,称此函数为外部函数。外部函数在整个源程序中都有效,其定义的一般形式为:

        extern 返回值的类型 函数名(形式参数表)
          { }

【说明】

> 因为函数的本质是外部的,extern说明符可以省略,如果在函数定义中没有说明extern或static则默认为extern。外部函数可以被其他编译单位中的函数调用。

【例如】

        extern int f(int a,int b)
          { }

课后总复习

一、选择题

1. 以下叙述中正确的是（ ）。

A) 局部变量说明为static存储类，其生存期将得到延长

B) 全局变量说明为static存储类，其作用域将被扩大

C) 任何存储类的变量在未赋初值时，其值都是不确定的

D) 形参可以使用的存储类说明符与局部变量完全相同

2. 有以下程序：

```c
int fun(int x[],int n)
{
    static int sum=0,i;
    for(i=0;i<n;i++)
        sum+=x[i];
    return  sum;
}
```

```c
main()
{
    int a[]={1,2,3,4,5},b[]={6,7,8,9},s=0;
    s=fun(a,5)+fun(b,4);
    printf("%d\n",s);
}
```

程序执行后的输出结果是（ ）。

A) 45　　　　　　　B) 50　　　　　　　C) 60　　　　　　　D) 55

二、填空题

1. 以下程序运行后的输出结果是____。

```c
fun(int a)
{
    int b=0;
    static int c=3;
    b++;
    c++;
    return(a+b+c);
}
```

```c
main()
{
    int i,a=5;
    for(i=0;i<3;i++)
    printf("%d %d",i,fun(a));
    printf("\n");
}
```

2. 现有两个C程序文件T18.c和myfun.h同在T C系统目录(文件夹)下，其中T18.c文件如下：

```c
#include <stdio.h>
#include "myfun.h"
main()
{
    fun();
    printf("\n");
}
```

```c
{
    char s[80],c;
    int n=0;
    while((c=getchar())!='\n')
        s[n++]=c;
    n--;
    while(n>=0) printf("%c",s[n--]);
}
```

myfun.h文件如下：

```c
void fun()
```

当编译连接通过后，运行程序T18时，输入"Thank!"，则输出结果是____。

学习效果自评

　　学完本章后，相信大家对变量的作用域、变量的存储类别以及函数的存储分类有了一定的了解，本章内容很多，在考试中涉及的内容比较广，以选择题的方式出现。下表是我们对本章比较重要的知识点进行的一个小结，大家可以检查自己对这些知识点的掌握情况。

掌握内容	重要程度	掌握要求	自评结果		
变量的作用域	★★	理解局部变量的作用域	□不懂	□一般	□没问题
	★★	理解全局变量的作用域	□不懂	□一般	□没问题
变量的存储类别	★★★	理解auto、static、register和extern变量	□不懂	□一般	□没问题
函数的存储分类	★★	掌握内部函数的使用	□不懂	□一般	□没问题
	★★	掌握外部函数的使用	□不懂	□一般	□没问题

▶ NCRE　网络课堂　　http://www.eduexam.cn/netschool/C.html

教程网络课堂——C语言存储类别浅析

教程网络课堂——变量的作用域

第9章

指　针

 视频课堂

第1课	指针的基本概念	第2课	指针与数组
	●指针变量的存储过程		●通过指针引用一维数组中的元素
	●指针变量的定义		●数组名和指向数组的指针变量
	●指针与正整数的加减法		

章前导读

通过本章，你可以学习到：

◎C语言中指针的定义、引用与初始化

◎C语言中指针与数组的关系

◎C语言中向函数传递指针以及返回指针值的函数

◎C语言中main函数的命令行参数

本章评估		学习点拨
重 要 度	★★★★★	指针是C语言中的重点内容也是难点内容，在考试中，涉及的本章内容一般难度较大。
知识类型	熟记和掌握	本章知识点侧重于理解。在学习本章的过程中会遇到一些难点，读者需要多花时间来学习，重点掌握指针的定义与初始化、指针与数组的关系、指针作函数的参数以及返回指针值的函数，并且要掌握指向指针的指针和main函数的命令行参数。
考核类型	笔试+上机	
所占分值	笔试: 15分　上机: 12分	
学习时间	7课时	

本章学习流程图

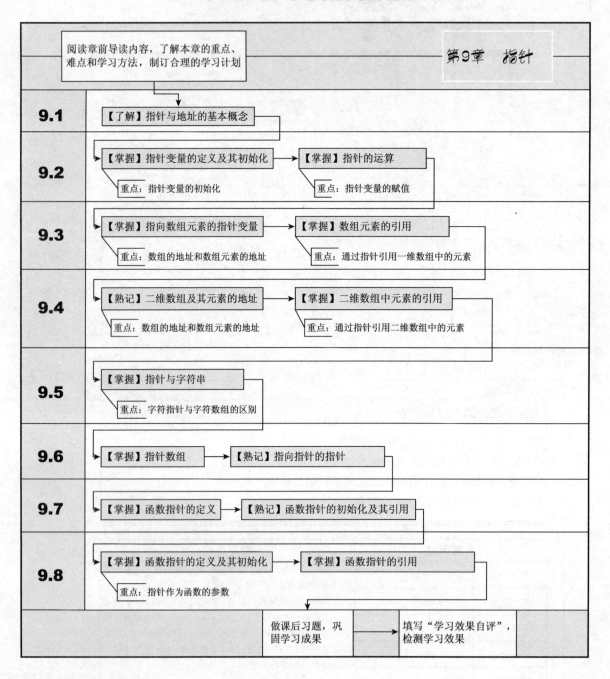

阅读章前导读内容，了解本章的重点、难点和学习方法，制订合理的学习计划

第9章　指针

9.1　【了解】指针与地址的基本概念

9.2　【掌握】指针变量的定义及其初始化　→　【掌握】指针的运算
重点：指针变量的初始化　　　　　　　　　　重点：指针变量的赋值

9.3　【掌握】指向数组元素的指针变量　→　【掌握】数组元素的引用
重点：数组的地址和数组元素的地址　　　　重点：通过指针引用一维数组中的元素

9.4　【熟记】二维数组及其元素的地址　→　【掌握】二维数组中元素的引用
重点：数组的地址和数组元素的地址　　　　重点：通过指针引用二维数组中的元素

9.5　【掌握】指针与字符串
重点：字符指针与字符数组的区别

9.6　【掌握】指针数组　→　【熟记】指向指针的指针

9.7　【掌握】函数指针的定义　→　【熟记】函数指针的初始化及其引用

9.8　【掌握】函数指针的定义及其初始化　→　【掌握】函数指针的引用
重点：指针作为函数的参数

做课后习题，巩固学习成果　→　填写"学习效果自评"，检测学习效果

指针是C语言的"灵魂",它是C语言中最复杂、最重要的一种数据类型。同时,它也是C语言区别于其他程序设计语言的重要特点。C语言的各种数据类型的变量、数组、函数都与指针有着密不可分的关系。

指针在为我们打开一扇方便之门的同时,也给我们设置了一个个陷阱。不恰当地使用指针会使程序错误百出,甚至导致系统崩溃。所谓"入门容易得道难",我们必须充分理解和全面掌握指针的概念和使用特点。

9.1　地址和指针的概念

读者可能已经注意到,有些学校有很多邮箱,并且每个邮箱都会有一个编号。这里就存在一个"邮箱编号"与"邮箱里的邮件"的关系,而本节中将要介绍的"地址"(指针)与"地址的内容"(指针指向的内容)正是这样的一种关系。

学习提示

【理解】地址和指针的概念

为了让读者逐步地接受指针、理解指针,我们首先向读者解释什么是内存单元的"地址",数据在内存中是如何存储的,以及数据又是如何从内存中读取的,最后再向读者说明什么是"指针"和"指针变量"。

1.　内存单元的"地址"

在计算机内存中,往往用一个字节表示一个内存单元,为了方便管理,必须为每一个存储单元编号,这个编号就是存储单元的"地址"。

每个存储单元都有一个唯一的地址,如图9-1所示。图中描述了6个内存单元,它们的编号分别是从1000到1005的6个值,其中编号1000到1005就是相应的内存单元的地址。数据存放在地址所标识的内存单元中。例如,在图9-1中,地址1000到1005所对应的内存单元就是用来存放数据的。这里,读者可以把内存单元想象成一个个的"邮箱",而内存单元中的数据就好比是"邮箱中的信件",内存单元的编号(地址)就好比是"邮箱的编号"。

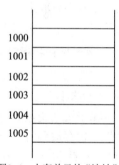

图9-1　内存单元的"地址"

 请注意　　内存单元的地址与内存单元中的数据是两个完全不同的概念。就像学生公寓中,每一个可以住学生的房间就是内存单元,房间号就是内存单元的"地址",学生就是内存单元的内容。

2.　数据在内存中的存储

如果在程序中定义了一个变量,那么编译时系统就为这个变量分配一定数量的内存单元。在VC 6.0中一个字符型的变量分配1个字节的存储空间,为整型变量分配4个字节的存储空间,为浮点型变量分配4个字节的存储空间。

假设系统已经定义了3个整型变量i、j和c,编译时系统分配1000、1001、1002和1003这4个字节给变量i,1004、1005、1006和1007给j,1008、1009、1010和1011给c,如图9-2所示。

C语言中又规定,变量的"地址"是指其占用存储区中由小到大的第1个字节地址。如变量i的地址是1000,变量j的地址是1004,变量c的地址是1008。结合图9-2,我们可以看出两点:①地址起到了一个指向作用;②地址中还隐含有这个变量的类型信息。

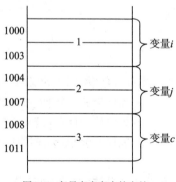

图9-2　变量在内存中的存储

3. 内存单元中数据的读取

C语言中有两种内存单元的访问方式，分别是内存单元直接访问和内存单元间接访问。

（1）直接访问

内存单元直接访问是直接根据变量的地址来访问变量的值，这就好比是我们直接从相应编号的邮箱中取出里面的信件一样。

【例如】输出图9-2中的变量i。

```
printf("%d\n",i);
```

要取得变量i的值，只要根据变量名和地址的对应关系找到变量i的地址1000，从该地址开始的四个字节中取出i的值1，然后执行printf将结果输出至屏幕上。

（2）间接访问

内存单元间接访问就是将变量i的地址放到另一个变量p中。也就是说，这个变量p的值是变量i的地址，系统也要为变量p本身分配内存单元。同样以取邮件的例子来做类比，间接内存单元访问就好比是，我们首先从相应编号的第一个邮箱里取出一封信件，而这封信件的内容是第二个邮箱的编号，我们就根据这个信件的内容来找到相应编号的第二个邮箱，从中取出我们想要的信件。

4. 指针和指针变量

其实，"指针"就是"地址"。也就是说，通过"指针"可以找到以它为地址的内存单元。一个变量的地址称为该变量的"指针"。

由于一个变量的地址（指针）也是一个值（只不过它是一个地址值，而不是普通意义的数值），因此就可以把这个地址值存放到另一个变量里保存。这种专门用来存放变量地址的变量，称为"指针变量"。也就是说，指针变量的值是"指针"。由于一个变量的地址（指针）还隐含有这个变量的类型信息，所以不能随意把一个地址存放到任何一个指针变量中去，只能把具有相同类型的变量的地址，存放到这个指针变量里去。可见，指针变量也应该有自己的类型，这个类型与存放在它里面的地址所隐含的类型应相同。

> 注意区分"变量的指针"和"指向变量的指针变量"。变量的"指针"就是变量的"地址"。在C语言中"指针"和"地址"是两个等价的概念。"指针变量"是存放变量指针（地址）的变量，用来指向另一个变量。

9.2　指针变量

本节将介绍指针的定义、引用和初始化，学习了本节内容，读者应该弄清楚下面3个问题。

① 如何定义一个指向变量的指针变量？

② 如何使指针变量表示它与变量之间的联系呢？

③ 如何理解指针之间的加减运算和比较运算？

【掌握】指针的定义与初始化

9.2.1　指针变量的定义

与其他的基本数据类型相同，指针变量在使用前必须要定义。系统会按照定义来分配内存单元。指针变量的一般定义形式为：

数据类型　*指针变量名1[,*指针变量名2…];

【说明】

与一般变量的定义相比，除变量名前多了一个星号"*"（指针变量的定义标识符）外，其他部分是一样的。对指针变量的类型说明如下所述。

① 指针变量的定义标识符是"*"，它用来定义变量为一个指针变量，不可省略。"*"只起到一个标识的作用，它不是所说明的指针变量名本身的一个组成部分。

② 指针变量名可以是任意C语言合法的标识符。

③ 说明中的"数据类型"，是指指针变量中所能存放的变量地址的类型，称为"基类型"。

④ 相同类型的指针变量可以在一个说明语句里出现，但每一个变量名的前面都要冠有指针变量的标识"*"。

【例如】

int *p_int1;　　　　　　　　/*定义一个指向整型值的指针变量p_int1*/

char *p_ch1, p_ch2;　　　　/*定义两个指向字符型值的指针变量p_ch1和p_ch2*/

float *p_f;　　　　　　　　/*定义了一个指向浮点型变量的指针变量*/

int、char 、float是数据类型名，在这里，说明了p_int1中只能存放int类型变量的地址，这时我们称int是指针变量p_int1的基类型。同样，p_ch1和p_ch2只能存放char类型变量的地址，char是指针变量p_ch1和p_ch2的基类型，p_f只能存放float类型变量的地址，char是指针变量p_f的基类型。

9.2.2　指针运算符

像一般变量一样，指针变量也可以通过指针运算符进行某些运算。指针运算符主要包括取地址运算符"&"和取内容运算符"*"。

1. 取地址运算符"&"

它的一般格式是：

&变量名

【说明】

① "&"的功能是取变量的地址，即它将返回操作对象在内存中的存储地址。

② "&"只能用于一个具体的变量或者数组元素，而不能是表达式或者常量。

③ 取地址运算符"&"是单目运算符，其结合性为自右至左。

【例如】

p_ch=&ch;　　/*将变量ch的地址赋给指针变量p_ch*/

p_int=&i;　　/*将变量 i 的地址赋给指针变量p_int*/

p_dbl=&dbl;　　/*将变量dbl的地址赋给指针变量p_dbl*/

请注意　指针变量只能存放指针（地址），且只能是相同类型变量的地址。例如，指针变量p_int、p_dbl、p_ch,只能分别接收int型、double型、char型变量的地址，否则就会出错。

2. 取内容运算符"*"

它的一般格式是：

　*指针变量名

【说明】

　① 这里的"*"既不是乘号,也不是说明语句中用来说明指针的说明符,它的功能是用来表示指针变量所指存储单元中的内容。

　② 在"*"运算符之后的变量必须是指针变量。

　③ 取内容运算符"*"是单目运算符,其结合性为自右至左。

【例如】

```
        char ch,*p_ch;      /*定义了一个字符型的变量ch 和一个指向字符型变量的指针变量p_ch*/
        int i,*p_int;        /*定义了一个整型的变量i和一个指向整型变量的指针变量p_int*/
        p_ch=&ch;           /*将变量ch的地址赋给指针变量p_ch*/
        p_int=&i;           /*将变量 i 的地址赋给指针变量p_int*/
        *p_ch='a';          /*将'a'存储在p_ch所指向的地址中,也就是ch 的地址*/
        *p_int=1;           /*将1存储在p_int所指向的地址中,也就是i的地址*/
```

其中,语句"*p_int=1和*p_ch='a';"的效果分别等价于ch='a'和i=1。前面两条语句采用的间接内存操作,后面两条语句则是直接内存操作,这与前一小节中讲到的间接内存访问和直接内存访问相似。

请注意 指针运算符*和指针变量说明中的指针说明符*不同。在指针变量说明中,"*"是类型说明符,表示其后的变量是指针类型。而表达式中出现的"*"则是一个运算符,用以表示指针变量所指的变量。

9.2.3　指针变量的初始化

　指针变量在使用之前必须对其进行初始化,使指针变量指向一个确定的内存单元,否则系统会让指针指向一个随机的内存单元,如果该地址正被系统使用着,那么会带来很大的灾难。指针变量初始化的一般格式为:

　　基类型 指针变量名=初始化地址值;

　与指针变量的定义格式相比,就是在定义指针变量的同时,对其赋予一个初始的地址值。

【例如】

```
        char ch;             /*定义一个字符类型的变量*/
        char *p_ch=&ch;           /*定义一个指向字符型变量的指针变量p_ch,并且初始化为字符变量ch的地址*/
```

　另外,除了使用这种基本的指针初始化形式外,还可以通过调用标准库函数malloc和calloc在内存中实现动态内存分配,并把分配到的内存单元的地址返回给指针变量。这将在第11章的动态内存分配一节中详细介绍。

请注意 ① 任意一个指针变量都要遵循"先定义,再初始化,后使用" 的原则。未经初始化的指针禁止使用。
② 必须用同一类型数据的地址对指针进行初始化。
③ 不能把一个整数赋给指针变量,例如:
int *p_int1=1000;

9.2.4　指针的运算

　指针就是地址,C语言中地址是无符号整数。对于指针变量,允许的运算主要有指针变量的赋值、指针与整数的加减运算、指针之间的比较以及指针之间的减法运算。

1. 指针变量的赋值

对指针变量进行赋值的目的是使指针指向一个具体的对象。赋值主要有以下几种情况。

（1）通过求地址运算符（&）把一个变量的地址赋给指针变量

这种情况下的赋值在前面已经详细介绍，这里不再重复。

（2）同类型指针变量之间可以直接赋值

可以把一个指针变量的值赋给另一个指针变量，但一定要确保这两个指针变量的基类型是相同的。

【例如】

```
int i;
int *p_int1,*p_int2;      /*定义了两个指向整型变量的指针变量p_int1和p_int2*/
p_int1=&i;       /*将指针变量p_int1初始化为变量i的地址*/
p_int2=p_int1;   /*通过赋值将指针变量p_int1的值赋予p_int2*/
```

执行以上语句后，指针变量p_int2也存放了变量i的地址，也就是说指针变量p_int1和p_int2同时指向了变量i。

（3）给指针变量赋"空"值

因为指针变量必须要在使用前进行初始化，当指针变量没有指向的对象时，也可以给指针变量赋NULL值，此值为空值。

【例如】

```
int *p_int1;
p_int1=NULL;   /*表示指针变量p的值为空*/
```

NULL是在stdio.h头文件中定义的预定义符，因此在使用NULL时，应该在程序的前面出现预定义命令行：

```
# include "stdio.h"
```

NULL的代码值为0，所以语句"p_int1=NULL;"等价于"p_int1=0;"，都是表示指针变量p_int1是一个空指针，没有指向任何对象。

【例9-1】通过指针判断两个数中的较小者。

程序代码

```
#include<stdio.h>
int main()
{
  int  a,b,min, *p_a, *p_b, *p_min;
  p_a=&a;
  p_b=&b;
  p_min=&min; /*对3个指针变量进行初始化*/
  scanf ( "%d %d",p_a,p_b);/* 将输入的两个整数依次存入变量a, b*/
  *p_min=*p_a;           /* 假定变量a中的数值最小，将其放入变量min */
  if (*p_min>*p_b)
      *p_min=*p_b;/* 若b中的数值比min小，将其放入变量min */
  printf ( "min=%d\n",min);/* 通过直接访问方式输出变量min中的值 */
  printf("min=%d\n ",*p_min);/*通过间接访问方式输出变量min中的值*/
  return 0;
}
```

当运行程序时输入：

　　20 10

程序运行结果为：

　　min=10

　　min=10

此程序运行结果也说明，当指针指向变量后，可以通过指针对所指向的存储单元进行数据的存取，直接访问方式和间接访问方式的结果是相同的。

2. 指针与整数的加减运算

当指针指向某个存储单元时，通过对指针变量加减一个整数，使指针指向相邻的存储单元，我们称这样的运算为"移动指针"。并且，这种加减运算不是简单地将指针变量的原值（一个表示地址的无符号整数）加减一个整数（以"1"为单位的加减运算），而是以它指向的变量所占的内存单元的字节数为单位进行加减的。例如，字符型指针每次移动一个字节，整型指针每次移动四个字节，浮点型指针每次移动四个字节。

【例如】

　　char *p_ch; /*定义一个指向字符型变量的指针变量*/

　　int *p_int;   /*定义一个指向整型变量的指针变量*/

　　double *p_dbl; /*定义一个指向浮点型变量的指针变量*/

我们假设p_ch、p_int、p_dbl的初始地址值分别是1000、2000和3000，进行下列运算：

　　p_ch++;

　　p_int+=5;

　　p_dbl-=5;

这时p_ch、p_int、p_dbl的地址值分别是1001(1000+1×1=1001)、2020（2000+5×4=2020）和2960（3000-5×8=2960）。

经常通过移动指针来取得相邻存储单元的值，特别是在使用数组时，"移动指针"发挥了很大作用。

【例如】

　　int a[8]={0,1,2,3,4,5,6,7};/*定义一个含有8个元素的整型数组*/

　　int *p_int1,*p_int2;   /*定义两个指向整型变量的指针变量*/

　　p_int1=&a[0];   /*对p_int初始化使它指向数组的第一个元素*/

　　p_int2=NULL;   /*对p_int2 初始化为空指针*/

指针变量与数组元素的关系如图9-3（a）所示。执行完下列语句之后，指针变量与数组元素的位置关系如图9-3（b）所示。

　　p_int2=p_int1+7;

　　p_int1++;

3. 两个指针变量相减

图9-3　指针的移动

如果两个指针指向的是同一个数组的数组元素，那么两指针变量相减所得之差是两个指针所指数组元素之间相差的元素个数。实际上是两个指针值（地址）相减之差再除以该数组元素的长度（字节数）。

【例如】

在图9-3（b）中，p_int1和p_int2 是指向同一整型数组的两个指针变量，p_int1指向的元素a[1]，p_int2指向的是元素a[7]，设a[1]和a[7]的地址分别是1000和1024，即p_int1和p_int2的值分别是1000和1024。那么，p_int2-p_int1的结果是（1024-1000）/4=6（一个整型元素占4个字节的内存），即两个指针相隔的元素个数是6个。

 请注意　　两个指针变量不能进行加法运算，如p_int1+ p_int2毫无实际意义。

4.　两个指针变量的比较

如果两个指针指向的是同一个数组的数组元素时，通过对两个指针进行比较，可以判断相应的数组元素的位置的先后。设pointer1 和pointer2是指向同一个数组的元素。

【例如】

　　pointer1==pointer2 /*当pointer1和pointer2指向同一数组元素时为真*/

　　pointer1>pointer2 /* pointer1指向的数组元素在pointer2所指向的数组元素之后时为真*/

　　pointer1<pointer2 /* pointer1指向的数组元素在pointer2所指向的数组元素之前时为真*/

指针变量还可以与0（表示空指针NULL）比较。设pointer为指针变量，则：

　　pointer==0/*pointer是空指针时为真，也可以写成pointer==NULL */

　　p!=0　　/*pointer不是空指针时为真，也可以写成pointer!=NULL*/

9.3　指针与一维数组

在C语言中指针与数组的关系密切相关。因为数组中的元素在内存中是连续存储的，所以任何用数组下标完成的操作都可以通过指针的移动来实现。

9.3.1　指向数组元素的指针变量

学习提示

【掌握】指向一维数组元素的指针变量以及通过指针引用数组元素

1.　数组的地址和数组元素的地址

数组的地址是指数组在内存中的起始地址，数组元素的地址是指数组元素在内存中的起始地址。一个数组是由连续的一块内存单元组成的。数组名就是这块连续内存单元的首地址。每个数组元素按其类型不同占有几个连续的内存单元。一个数组元素的地址也是指它所占有的几个内存单元的首地址。

2.　指向数组元素的指针变量

一个指针变量既可以指向一个数组元素，也可以指向一个数组。指向数组的指针变量的定义，与指向普通变量的指针变量的定义方法相同。

【例如】

　　int array[5]={1,2,3,4,5}; /*定义一个包含5个元素的整型数组array*/

　　int *p,*p1;　　　　　　　/*定义两个指向整型变量的指针变量p和p1 */

我们可以把数组中某一元素的地址赋予指针变量p1。

【例如】

　　p1=&array[3];

这条语句的作用就是把*array*[3]元素的地址赋予p1。

同样，我们也可以把数组的第1个元素*array*[0]的地址赋予一个指针变量（见图9-4）。

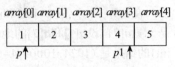

图9-4　指向数组的指针

【例如】

　　p=&array[0];

前面已经讲过，数组名就是代表数组的首地址，也就是第1个元素（*array*[0]）的地址，所以下面的两条语句是等价的：

　　p=&array[0];

　　p=array;

　数组名是一个地址常量，不能够对其进行赋值运算。比如有以下的定义：
int array[5],i;
那么，下面的两条语句都是错误的：
array=&i; array++;

9.3.2　数组元素的引用

首先让我们来回忆一下9.2.4节中的"移动指针"运算。通过对指针变量加减一个整数，使指针指向相邻的存储单元。它是以它指向的变量所占的内存单元的字节数为单位进行加减的。

另外，前面提到不能够对数组名进行赋值运算，但是由于数组名也是一个地址，因此我们也可以给数组名加上一个整数，并且赋予一个指针变量。

【例如】

　　int array[5],*p, *p1;

　　p=array;

　　p1=array+3;

后一条语句就等价于：

　　p1=&array[3];

也等价于：

　　p1=p+3;

array[0] *array*[1] *array*[2] *array*[3] *array*[4]

p↑　p+1↑　p+2↑　p+3↑　p+4↑

图9-5　指针与数组的关系

由此可见，p+i和array+i（*i*是一个整数）就是array[i]的地址，即它们指向*array*数组的第*i*个元素。如图9-5所示。那么也可以推知*(p+i)和*(array+i)就是*array*[i]。

在引入了p=array的赋值方式之后，指向数组的指针变量也可以带下标，如p[i]与*(p+i)是等价的。

我们可以总结一下，一维数组元素的引用可以有4种表示方法：

　　array[i], *(array+i), *(p+i), p[i]。

这4种表示方法都引用了数组*array*中的第*i*+1个元素（array[i]）。进一步，可以将这4种方式分成两类，其中①和④可以归类为"下标法"，②和③可以归类为"指针法"。

【例9-2】以不同的方式输出数组的元素。

程序代码

```
#include<stdio.h>
int main()
{
 int array[10]={0,1,2,3,4,5,6,7,8,9};/*定义一个含有10个元素的整型数组*/
 int *p; /*定义一个指向整型变量的指针变量*/
 int i;
 p=array;/*对p_int初始化,使它指向数组的第一个元素*/
 for(i=0;i<10;i++)
   printf("%d   ",array[i]);
 printf("\n");
 for(i=0;i<10;i++)
   printf("%d   ",p[i]);
 printf("\n");
 for(i=0;i<10;i++)
   printf("%d   ",*(array+i));
 printf("\n");
 for(i=0;i<10;i++)
   printf("%d   ",*(p+i));
 printf("\n");
 return 0;
}
```

程序的运行结果如下:

0 1 2 3 4 5 6 7 8 9

0 1 2 3 4 5 6 7 8 9

0 1 2 3 4 5 6 7 8 9

0 1 2 3 4 5 6 7 8 9

分析程序可知。

① 第1个for循环通过array[i]来引用数组元素,第2个for循环通过p[i]来引用数组元素。这两种方式采用"下标法"引用数组元素;

② 第3个for循环通过*(array+i)来引用数组元素,第4个for循环通过*(p+i)来引用数组元素。这两种方式采用"指针法"引用数组元素;

③ 在通过指针变量p来引用数组元素的方式中,p的值始终都是数组的首地址,只是在通过改变i的值达到引用不同数组元素的目的,与图9-5的情形类似。

我们也可以通过改变指针变量的值来引用数组元素。

【例9-3】改变指针变量的值来依次输出数组元素。

程序代码

```
#include<stdio.h>
int main()
{
  int [10]={0,1,2,3,4,5,6,7,8,9};/*定义一个含有10个元素的整型数组*/
  int *p;/*定义一个指向整型变量的指针变量*/
  int i;
  p=a;/*对p初始化,使它指向数组的第一个元素*/
```

```
  for(i=0;i<10;i++)
    printf("%d  ",*(p++));
  printf("\n");
  return 0;
}
```

程序的运行结果如下：

  0 1 2 3 4 5 6 7 8 9

① 每次执行for循环就会执行一次p=p+1，即p指向下一个临近的数组元素。直到数组的最后一个元素，如图9-6所示。

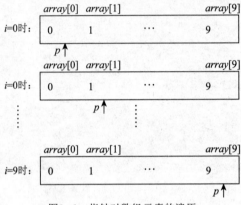

图9-6　指针对数组元素的遍历

② 如果将for循环改为：

    for(i=0;i<10;i++)

      printf("%d ",*(array++));

这是严重错误的。因为array是地址常量，不能够为其赋值。

9.4　指针与二维数组

9.4.1　二维数组及其元素的地址

【掌握】 指向二维数组及其元素的指针变量以及通过指针引用数组元素

为了让读者更好地理解二维数组，我们必须弄清楚下面的几个概念。

1. 二维数组的组成

二维数组可以看成是由一维数组组成的特殊的一维数组，特殊之处就在于这个数组的元素又都是一维数组，即它是以一维数组为数组元素的数组。

【例如】

    int a[3][4]={{0,1,2,3},{4,5,6,7},{8,9,10,11}};

这定义了一个3行4列的二维数组a。我们可以看成，数组a是由3个元素组成的一维数组，它们分别是a[0]、a[1]和a[2]，这3个元素又都是包含4个整型元素的一维数组。对于二维数组在内存中的存储形式已经在数组一章中介绍，请读者回忆一下。二维数组的组成关系如图9-7（a）所示。

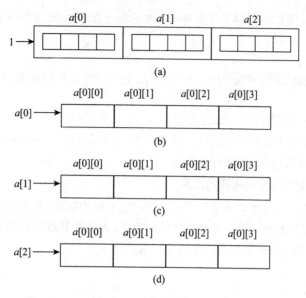

图9-7　二维数组的组成

其中，数组a[0]包含了a[0][0]、a[0][1]、a[0][2]和a[0][3]，如图9-7（b）所示。数组a[1]包含了a[1][0]、a[1][1]、a[1][2]和a[1][3]，如图9-7（c）所示。数组a[2]包含了a[2][0]、a[2][1]、a[2][2]和a[2][3]，如图9-7（d）所示。

2.　二维数组的地址

二维数组名也是一个地址，其值是二维数组中第1个元素的地址。正如在上面提到的，二维数组a中又包含了3个一维数组a[0]、a[1]和a[2]，同样一维数组名a[0]、a[1]和a[2]也是地址。其中a[0]是a[0][0]的地址，a[1]是a[1][0]的地址，a[2]是a[2][0]的地址。

在这里要强调一点，请注意对二维数组名的"移动指针"运算。例如，表达式a+0即为a[0]的地址，表达式a+1即为a[1]的地址，表达式a+2即为a[2]的地址。因为对于数组a来说，它的每个元素的大小是4×4=16（设每个整型占4个字节）。所以，a+1的效果是使指针a移动了16个内存单元。所以a[i]与*(a+i)是等价的，如图9-8所示。

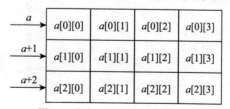

图9-8　指向二维数组指针的移动

另外，对于3个行首地址a[0]、a[1]和a[2]来说，它们的"移动指针"运算与普通的一维数组名的运算是相同的。例如，a[0]+1就是数组元素a[0][1]的地址。

3.　二维数组元素的地址

最为一般的取元素地址的方式是&a[i][j]，这表示取第i行j列的元素a[i][j]的地址。现在我们从一维数组的角度来分析，元素a[i][j]是一维数组a[i]中的元素，所以要取a[i][j]的地址，可以通过一维数组名a[i]加上整数j来实现，即

$a[i]+j$就是$a[i][j]$的地址。那么，我们就得到了下面两种基本的取元素$a[i][j]$地址的方式：

① &a[i][j]

② a[i]+j

让我们进行扩展，从上面的介绍中知道a[i]与*（a+i）是等价的，所以得到另一种取元素$a[i][j]$地址的方式：*（a+i）+j。

让我们做进一步的扩展，由于$a[i][j]$与a[0][0]之间相差$4*i+j$个元素（每行有4个元素），因此可以根据a[0][0]的地址，并利用"移动指针"的运算来计算出$a[i][j]$的地址。又因为a[0][0]的地址可以表示为&a[0][0]和a[0]，所以我们又得到两种取元素$a[i][j]$地址的方式：&a[0][0]+4*i+j；　a[0]+ 4*i+j。

4. 利用二维数组元素的地址引用相应的元素

对于一般的指针变量，我们是通过运算符"*"来取得相应变量的值的。我们同样可以利用这种方式来取二维数组的元素。上面我们分析了5种取得二维数组元素地址的方式，那么在其地址前加上运算符"*"就能够得到相应的元素值了。相应地，有5种引用二维数组元素的方式分别是：

① *(&a[i][j])

② *(a[i]+j)

③ *(*(a+i)+j)

④ *(&a[0][0]+4*i+j)

⑤ *(a[0]+ 4*i+j)

【例9-4】利用地址遍历二维数组。

程序代码

```c
#include<stdio.h>
int main()
{
    int a[3][4]={{0,1,2,3},{4,5,6,7},{8,9,10,11}};
    /*定义一个3行4列的二维数组，并进行初始化*/
    int i,j;
    for(i=0;i<3;i++)
    {
        for(j=0;j<4;j++)
            printf("%d ",*(a[i]+j));/*输出元素a[i][j]*/
        printf("\n");/*输出一行后换行*/
    }
    return 0;
}
```

程序的运行结果如下：

0 1 2 3

4 5 6 7

8 9 10 11

其中，printf("%d ",*(a[i]+j)) 是引用$a[i][j]$的语句，所以可以改写成上面的5种形式的任意一种。

9.4.2　指向数组元素的指针变量

指向数组元素的指针变量的定义与一般的指针变量的定义是相同的。

【例如】

  int a[3][4];

  int *p;

  p=&a[2][3];/*这时p指向元素a[2][3]*/

其中，*p*可以指向数组*a*中的任何一个元素。

【例9-5】使用指针变量输出数组元素的值。

程序代码

```
#include<stdio.h>
int main()
{
  int a[3][4]={{0,1,2,3},{4,5,6,7},{8,9,10,11}};
  /*定义一个3行4列的二维数组，并进行初始化*/
  int *p,i;
  p=&a[0][0];/*定义一个指向整型变量的指针p，并且初始化为二维数组的第一个元素*/
  for(i=1;i<13;i++)
  {
    printf("%d ",*p++);/*通过指针来引用数组元素*/
    if(i%4==0)
      printf("\n");/*每输出四个元素就换行一次*/
    }
  return 0;
}
```

程序的运行结果如下：

  0 1 2 3

  4 5 6 7

  8 9 10 11

之所以能够这样依次取数组中的元素，是由二维数组本身在内存中的存储形式（请读者回忆数组一章中的相关内容）决定的。语句p=&a[0][0]的作用就是将*p*初始化为数组的第一个元素的地址，所以我们也可以写成p=a[0]。

9.5　指针与字符串

在C语言中，对于字符串是没有专门的字符串类型来说明的。一般我们都是使用字符型的数组来存储字符串，但是有时使用字符数组会比较复杂，因此我们就可以使用指针来对字符串进行运算。

学习提示

【掌握】字符串指针及指向字符串的指针变量

9.5.1　使用字符指针实现字符串的存储

在数组一章中我们已经介绍了字符串的特点，字符串本质上是以"\0"结尾的字符型一维数组，C编译系统以字

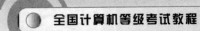

符串常量的形式给出存放每一字符串的存储空间的首地址,所以我们可以用使用字符指针来指向字符串。可以将字符指针变量初始化为一个字符串。

【例如】

    char *str="china";

这里定义了一个字符指针变量,并且初始化为一个字符串的首地址,如图9-9所示。

另外,我们也可以通过赋值运算使一个字符指针指向一个字符串常量。例如:

    char *str;

    str="china";

c	h	i	n	a	\0

str ↑

图9-9 指向字符串的指针

这里首先定义了一个字符型的指针变量*str*,通过赋值运算把字符串常量"china"的首地址赋给了*str*。所以这种方式的效果与上面的初始化方式是等效的。

 请注意　由于str是一个字符型的指针变量,它的值就是一个字符的地址,上例中就是字符串常量"china"的首地址,也就是字符"c"的地址。那么*str代表的就是一个字符c,而不要认为*str的值是整个字符串"china"。

9.5.2 字符指针与字符数组的区别

📖 **学习提示**

【理解】字符指针与字符数组的区别

首先让我们回忆一下使用字符数组来存储字符串。

【例如】

    char string[]="china";

这里定义了一个字符数组string,string是数组名,它代表了字符数组的首地址,如图9-10所示。

所以我们既可以使用字符指针变量又可以使用字符数组来实现字符串的存储和运算。但是二者是有区别的。

① 数组名是一个地址常量,而字符指针变量是一个变量。所以不能给一个数组名赋值。

【例如】

    char string[6];

    string ="china";

这种方式是错误的。

② 对于字符型的指针变量来说,它的值是可以改变的。

【例如】

    char *str="china";

    str="asian";

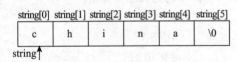

string[0]	string[1]	string[2]	string[3]	string[4]	string[5]
c	h	i	n	a	\0

string ↑

图9-10 字符串在字符数组中的存储

这里首先为字符型指针变量str赋初值为"china"的首地址,随后也可以改变str的值,使其指向另外一个字符串,这种运算是允许的。

③ 进一步区分字符指针变量和字符数组在内存中的存储情形。

【例如】

    char string[]="china";

    char *str="china";

这里我们定义了一个字符数组string和一个字符型的指针变量str,并且都初始化为字符串"china",系统会给字符数组string分配6个字符的存储空间,如图9-10所示,通过上面的例子我们知道,string所指向的存储空间是不变的。

系统会给指针变量str分配一个存储指针变量的存储空间(4个字节),我们假设这4个存储单元的首地址是3000,与此同时系统也会给字符串常量"china"分配6个字符的存储空间(6个字节),假设这个存储空间的首地址是2000,如图9-11所示。

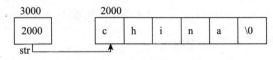

图9-11　指针和字符串的存储

从图中我们可以看到,指针变量str的地址是3000,它的值是2000,也就是说地址是3000的存储单元里存储的是2000,该数又是字符串常量的首地址。

让我们通过实例来体会通过字符指针变量和字符数组对字符串进行操作的区别。分别利用字符数组和字符指针变量实现字符串复制(模拟strcpy函数)。

【例9-6】用字符数组实现字符串复制。

程序代码

```c
#include<stdio.h>
int main()
{
    int i=0;
    char string1[]="china",string2[10];/*定义了两个字符数组string1和string2,并且将string1初始化为字符串"china"*/
    while(*(string1+i)!='\0')
    {
        *(string2+i)=*(string1+i);
        i++;/*逐个字符进行复制*/
    }
    *(string2+i)='\0';
    printf("string1 is %s\n",string1);
    printf("string2 is %s\n",string2);/*输出两个字符数组的内容,来验证程序的正确性*/
    return 0;
}
```

程序的执行结果:

　　string1 is china
　　string2 is china

这个实例中,读者要注意以下几点:

① 对于字符数组string2,我们采用静态地分配存储空间,所以必须要保证字符数组string2有足够的空间来容纳字符数组string1。

② 采用*(string1+i)和*(string2+i)这样的方式来引用内存单元中的值,当然还可以使用其他的形式,如string1[i]和string2[i]。

③ 不要忘记语句*(string2+i)='\0',即让字符数组的最后一个元素存储空字符'\0'。

【例9-7】用字符指针变量实现字符串复制。

程序代码

```
#include<stdio.h>
int main()
{
    int i=0;
    string1[]="china",string2[10];/*定义了两个字符数组string1和string2,并且将
string1初始化为字符串"china"*/
    char *p1,*p2;/*定义两个字符指针p1和p2*/
    p1=string1;
    p2=string2;/*分别对字符指针p1和p2进行初始化*/
    while(*p1!='\0')
    {
        *p2=*p1;
        p1++;
        p2++;/*通过字符指针来实现字符数组的复制*/
    }
    *p2='\0';
    printf("string1 is %s\n",string1);
    printf("string2 is %s\n",string2);
    return 0;
}
```

程序的执行结果：

string1 is china

string2 is china

① 与例9-6一样，对于字符数组string2，我们采用的是静态地分配存储空间，所以必须要保证字符数组string2有足够的空间来容纳字符数组string1。

② 不要忘记语句*p2='\0';，即让字符数组的最后一个元素存储空字符'\0'。

③ 在输出字符串的时候，我们使用的是：

printf("string1 is %s\n",string1);

printf("string2 is %s\n",string2);

在这里大家容易犯的一个错误是使用：

printf("string1 is %s\n",p1);

printf("string2 is %s\n",p2);

请读者思考为什么这种方式是错误的。

9.6　指针的指针

9.6.1　指针数组

“指针数组”也是一个数组，只不过它的数组元素都是指针变量。也就是说，指针数组的数组元素存放的都是一个内存单元的地址（指针）。它的定义格式如下：

存储类型 数据类型 *数组名[元素个数];

学习提示

【掌握】指针数组的概念及其与指向数组的指针的区别

【说明】

① "数据类型"指明了这个指针数组中的指针变量的基类型。

② 这种定义格式也等价于如下形式：

存储类型 (数据类型 *)数组名[元素个数];

【例如】

```
char *pointer[3];
```

下面我们来分解一下这个定义，首先定义了一个含有3个元素的数组 *pointer*，数组中的元素类型是"char *"，即字符型的指针。所以，数组元素 *pointer*[0]、*pointer*[1]和 *pointer*[2]的类型都是字符型指针变量，也就是说，这三个元素都存放了一个内存地址。

前面我们已经介绍过一个字符串可以用一个字符指针来存储，所以指针数组经常被用来存放多个字符串。

【例9-8】 按字母顺序从小到大输出国名。

程序代码

```c
#include<stdio.h>
int main()
{
  char *name[5]={"AMERICAN",
                 "CHINA",
                 "JAPAN",
                 "ENGLISH",
                 "FRANCE"};
  /*定义了一个含有5个元素的指针数组,并进行初始化*/
  int i,j,min;/*使用选择法排序*/
  char *temp;
  int count=5;
  for(i=0; i<count-1; i++)  /*控制选择次数*/
  {
    min=i; /*预置本次最小串的位置*/
    for(j=i+1; j<count; j++)  /*选出本次的最小串*/
        if(strcmp(name[min],name[j])>0)
          min=j; /*存在更小的串*/
        if(min!=i)
          {
temp=name[i];
name[i]=name[min];
name[min]=temp;/*存在更小的串,交换位置*/
}
}
/*输出排序结果*/
for(i=0;i<5;i++)
printf("%s\n",name[i]);
    return 0;
}
```

程序运行结果：

AMERICAN

CHINA

ENGLISH

FRANCE

JAPAN

分析程序可知：首先定义了一个指针数组*name*，用来存放5个字符串。它们的内存分布见图9-12。并且在程序中使用了strcmp()来进行函数字符串的比较。形参字符指针数组*name*的每个元素，都是一个指向字符串的指针，所以有strcmp(name[min],name[j])。

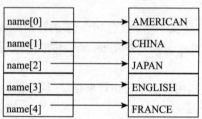

图9-12　字符串在内存中的分布

请注意

注意区分指针数组和数组指针：
char *pointer[3]定义了一个指针数组pointer，数组中含有3个元素，并且都是指针变量；
char (*pointer)[3] 定义了一个数组指针pointer，pointer指向一个含有3个元素的字符数组。

9.6.2　指向指针的指针

学习提示

【理解】指向指针的指针

1. 定义与初始化

先回忆一下本章开头介绍的指针的概念。下面定义了一个指向整型变量的指针变量$p1$：

    int *p1;

    int i=1;

    p1=&i;

那么指针变量$p1$中就存储了整型变量i的地址，这里假设i的地址是1000，如图9-13所示，地址值1000存放在变量$p1$中（即以2000为首地址的存储单元中）。

与整型变量类似，$p1$也是一个变量，它也有一个地址2000。那么，是不是也可以使用另一个指针变量来存储这个地址呢？答案是肯定的。并且我们称之为"指针的指针"。这类指针变量的定义格式是：

数据类型　**变量名

【说明】

与指针变量的定义相比，变量名前使用了两个指针变量的定义标识符"*"。

【例如】

    int **p2;

这样我们就定义了一个指针变量$p2$，它指向另一个指针变量（这个指针变量指向的是一个整型变量）。然后，就可以这样使用它：

    p2=&p1;

我们假设变量$p2$的地址是3000，那么$p2$所存储的数据就是$p1$的地址值2000，这时内存单元的分配如图9-14所示。

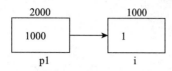

图9-13 指向整型变量的指针

在前一节中介绍了指针数组，也就是说，数组中的每个元素都是指针变量。如图9-13所示的指针数组name，数组名name就是数组元素的首地址， name+i是数组元素name[i]的地址。那么name+i就可以看作是指针的指针。可以定义一个指针变量：

    char **p;

    p=name+1;

这样*p*就是数组元素name[1]的地址，如图9-15所示。

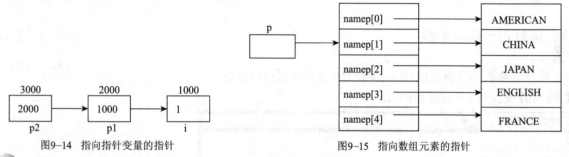

图9-14 指向指针变量的指针　　　　　　图9-15 指向数组元素的指针

2. 引用

一般的指针变量的引用使用的是符号"*"，即通过在变量名前加"*"，取得所指向的变量的值。还是看本节开始的例子：*p1的值就是变量i的值1。

同理，在变量*p2*前加指针运算符"*"，即*p2就是p1的值2000（*p2*指向指针变量*p1*）。那么*p2就相当于p1，这时再在*p2前加一个指针运算符"*"，即**p2，它就相当于*p1。也就是变量i的值。下面我们通过实例讲解怎样正确引用指针的指针。

【例9-9】通过指针的指针输出字符串。

● 程序代码

```
#include<stdio.h>
int main()
{
    char *name[5]={"AMERICAN","CHINA","JAPAN","ENGLISH",
    "FRANCE"};/*定义了一个含有5个元素的指针数组，并进行初始化*/
    int i;
    char **p;/*定义了一个指向指针的指针变量p */
    p=name;/*初始化p为指针数组name的首地址*/
    for(i=0;i<5;i++)
            printf("%s\n",*(p+i));
    /*通过指针变量p来引用指针数组的元素，以便输出字符串*/
    return 0;
}
```

程序运行结果：

AMERICAN
CHINA
JAPAN
ENGLISH
FRANCE

分析程序可知：首先定义了一个指针数组*name*，用来存放5个字符串。它们的内存分布见图9-15。通过语句p=name使变量*p*指向第一个数组元素*name*[0]，而语句p+i使*p*指向第*i*个数组元素*name*[*i*]，所以*(p+i)就是数组元素*name*[*i*]，它正是一个指向字符串的指针。

9.7　指针与函数

9.7.1　指针作为函数参数

学习提示

【掌握】指针变量作为函数的参数

首先看一个例子，这个例子的目的是实现两个整型变量值的交换。

【例9-10】交换两个整型变量的值。

程序代码

```
#include<stdio.h>
void swapint(int m,int n)        /*定义函数swapint */
{
    int temp;
    temp=m;
    m=n;
    n=temp;
}
int main()
{
    int a,b;
    scanf("%d %d",&a,&b);
    printf("a=%d,b=%d\n",a,b);
    swapint(a,b);               /*调用函数swapint */
    printf("a=%d,b=%d\n",a,b);
    return 0;
}
```

假设我们从键盘输入：

　　2 4

程序的运行结果如下：

　　a=2,b=4

　　a=2,b=4

读者会发现这并不是我们期望的结果。分析程序的运行：在调用函数swapint时，由于参数的传递是值传递。也就是将实参*a*和*b*的值分别传递给了形参*m*和*n*。执行完函数之后，*m*和*n*的值进行了交换，见图9-16。

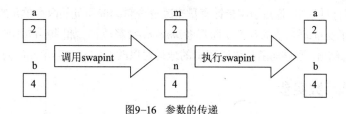

图9-16　参数的传递

但是当函数调用结束之后, 形参*m*和*n*将被释放。并且在整个过程中, 我们并没有看到*a*和*b*两个变量所处的内存单元的内容有任何变化。而我们的目的是要改变*a*和*b*两个变量所处的内存单元的内容。这正是本节要介绍的指针变量作函数的形参, 即通过传递变量的地址来改变相应内存单元的内容。下面看例9-11是如何实现两个整型变量值的交换的。

【例9-11】通过地址传递来交换两个整型变量的值。

程序代码

```
#include<stdio.h>
/*定义函数swapint , 以指针变量为参数*/
void swapint(int *pm,int *pn)
{
    int temp;
    temp=*pm;
    *pm=*pn;
    *pn=temp;
}
int main()
{
    int a,b;
    int *pa,*pb;
    pa=&a;
    pb=&b;
    /*定义两个指针变量, 并且分别初始化为a,b 和地址*/
    scanf("%d %d",pa,pb);
    printf("a=%d,b=%d\n",a,b);
    swapint(pa,pb);
    /*通过向函数swapint 传递指针来实现两个数的交换*/
    printf("a=%d,b=%d\n",a,b);
    return 0;
}
```

假设我们从键盘输入: 2 4
程序的运行结果如下:

　　　a=2,b=4

　　　a=4,b=2

① 函数swapint中定义了两个指针变量*pm*和*pn*, 读者可以回想指针变量的作用——存储变量的地址值。

② 在主函数main中, 首先将变量*a*和*b*的地址值传递给指针变量*pa*和*pb*。如图9-17(a)所示。然后通过调用函数swapint将指针变量*pa*和*pb*的值(也就是变量*a*和*b*的地址值)传递给指针变量*pm*和*pn*, 如图9-17(b)所示。这里需要说明一点, 有人称这样的参数传递过程为"地址传递", 其实函数实参向形参都是单向值传递, 只不过这里的值比较特殊, 是变量的"地址"。

③ 在函数swapint的执行过程中，通过引用指针变量来改变变量a和b所处的内存单元的内容，如图9-17(c)所示。

④ 程序结束后，实现了变量a和b值的互换，而形参pm和pn被释放掉。如图9-17(d)所示。

所以，通过此例可以总结出：通过向函数传递变量的地址可以改变相应内存单元的内容。

9.7.2 一维数组名作函数实参

学习提示

【理解】一维数组名作为函数参数

前面介绍了如何使用指针变量作函数的形参。本小节主要介绍如何通过函数来对一维数组进行操作。因为数组名是一个地址值，所以可以把数组名传递给函数（对应的形参应该是指针变量）。

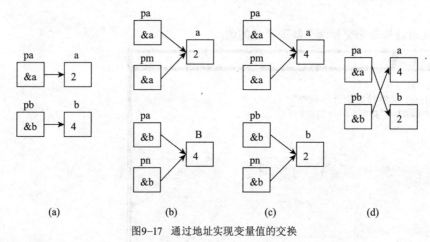

图9-17 通过地址实现变量值的交换

【例9-12】统计一组学生的总成绩。

程序代码

```
#include<stdio.h>
/*定义函数求和sum,此函数的参数是一个指向指针变量的指针变量*/
void sum(int *p)
{
    int i;
    for(i=1;i<5;i++)
      p[0]+=p[i];
}
int main()
{
    int score[5]={0,71,82,93,100};/*四个学生的成绩放在数组score中,而
                              数组score的0号元素用来存放总成绩*/
    sum(score); /*通过传递数组名来调用函数sum,计算数组元素的和*/
    printf("The sum of scores is %d\n",score[0]);/*输出学生的总成绩*/
    return 0;
}
```

程序的运行结果为：

The sum of scores is   346

通过这个实例主要演示如何通过函数对数组元素进行读写。当数组名作函数的实参时，对应的形参可以是指针，也可以是下面的两种形式：

① sum(int p[]);

② sum(int p[5]);

另外对于数组元素的引用，前面已经讲过，除了使用实例9-15中的形式外，还可以使用下面的形式：

```
void sum(int *p)
{
        int i;
        for(i=1;i<5;i++)
        *(p+0)+= *(p+i);
}
```

由此可见，可以在函数之间传递数组，并且，在被调用函数中也可以用数组元素的形式来引用调用函数中的数组元素。而在被调用函数中只是开辟了一个指针变量的存储空间，并没有开辟一串连续的存储空间。

请注意 把数组名作为函数实参进行传递时，还要牢记一点：数组名是地址常量，不能为其赋值。

9.7.3 二维数组名作函数实参

学习提示

【理解】二维数组名作为函数参数

二维数组名也是一个地址值，所以当二维数组名作为函数实参时，它所对应的形参应该是行指针变量。下面通过例9-13介绍怎样通过函数对二维数组进行操作。

【例9-13】实现矩阵转置。

程序代码

```
#include<stdio.h>
/*定义函数transpose来实现矩阵转置,函数的形参是一个5行5列的二维数组*/
void transpose(int matrix[5][5])
{
    int temp,i,j;
    for(i=0;i<5;i++)
    for(j=0;j<=i;j++)
    {
            temp=matrix[i][j];
            matrix[i][j]=matrix[j][i];
            matrix[j][i]=temp;
        /*实现矩阵的转置*/
    }
}
int main()
{
  int m[5][5]={{1,2,3,4,5},{1,2,3,4,5},{1,2,3,4,5},{1,2,3,4,5},{1,2,3,4,5}};
  /*定义一个5行5列的二维数组,来表示矩阵*/
  int i,j;
 transpose(m);/*通过向函数transpose传递二维数组名来调用函数,实现对矩阵进行转置*/
```

```
for(i=0;i<5;i++)
{
  for(j=0;j<5;j++)
    printf("%d ",m[i][j]);
    printf("\n");
}/*输出矩阵的值*/
return 0;
}
```

程序的运行结果是：

　　1 1 1 1 1

　　2 2 2 2 2

　　3 3 3 3 3

　　4 4 4 4 4

　　5 5 5 5 5

函数transpose的形参还可以是下面的两种形式：

（1）void transpose(int (*a)[5]);

（2）void transpose(int a[][5]);

需要说明的是，列下标不能缺省。上面这3种形式，系统都会把a看作是一个行指针变量。

9.7.4　字符指针作函数实参

学习提示

【掌握】字符指针作为函数参数

　　将一个字符串从主调函数传递到被调函数，可以用字符数组名作为函数参数或者指向字符串的指针变量作为函数参数。与普通数组一样，在被调函数中可以改变字符串的内容，在主调函数中可以得到被改变了的字符串。

　　【例9-14】实现字符串的反序输出。

程序代码

```
#include<stdio.h>
/*定义函数reverse来实现字符串的反序,函数的形参是一个字符数组*/
void reverse(char str[])
{
  char c;
  int i=0,n,j;
  n=strlen(str);
  j=n;
  /*计算字符串str的长度*/
  while(i<n/2)
  {
    c=str[i];
    str[i]=str[j-1];str[j-1]=c;/*以字符串中间字符为参考点,交换字符串两边位置的字符*/
    i++;
    j--;/*实现字符串的反序*/
  }
}
```

```
int main()
{
  char string[]="abcdefghijk";
  reverse(string);/*向函数传递数组string,对字符串string 进行反序操作*/
  printf("The string is %s",string);/*输出反序后的字符串*/
  return 0;
}
```

程序的输出结果为：

　　　kjihgfedcba

在调用reverse时，只是将实参数组string的首地址传递给了形参数组，所以形参和实参的长度可以不一致，但是其大小是由实参数组决定的。

另外，数组名作为函数参数时，不是值的单向传递，而是将实参数组的首地址传递给了形参数组。这两个数组共用一段内存单元，如图9-18(a)所示。只有这样才能改变相应内存单元的内容，这正是指针作为形参的目的。程序运行完之后，形参str会被释放，如图9-18(b)所示。

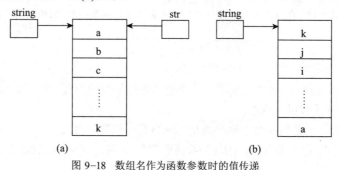

图9-18　数组名作为函数参数时的值传递

9.7.5　返回指针值的函数

学习提示

【掌握】返回值为指针的函数

前面所见到的函数的返回值有字符型、整型和浮点型。这里介绍函数返回指针型数据的情况。这种函数定义的一般格式是：

　　数据类型 *函数名(参数表)

【说明】

与一般的函数定义相比，在描述函数所返回的数据类型时，使用了"数据类型*"，这说明函数返回的是一个指针类型的数据。这种定义格式也可以等价为：

(数据类型 *)函数名(参数表)

【例如】

　　int *fun(int a,int b);

这里定义了一个函数fun，它接收两个整型的参数，返回一个指向整型变量的指针。再比如：

　　char *func(int a,int b);

函数func则返回一个指向字符型变量的指针。有时称这种返回指针类型的函数为"指针函数"。

9.7.6　函数指针

指向函数的指针即"函数指针"。首先需弄清楚概念——函数的入口地址。在程序运行中，函数代码是程序的指令部分，它和数组一样也占用存储空间。在编译时，系统会给每个函数分配一个入口地址，也就是存储函数代码的内存单元的首地址。与数组名类似，函数名正是这个函数的入口地址。就像使用指针变量指向数组的首地址一样，也可以使用指针变量指向函数的入口地址。我们称这样的指针为函数指针。

1. 函数指针的定义

函数指针的定义格式为：

　　数据类型　（*指针变量名）（形参列表）

【说明】

① "数据类型"是指函数的返回类型。

② "形参列表"是指指针变量所指向的函数所带的参数列表。

③ 与一般指针变量的定义相同，我们使用指针标识符"*"来定义这个函数指针，它所指向的函数的性质（形参列表和返回值）由①和②来指定。

【例如】

　　int (*fun)(int a,int b);

这里定义了一个函数指针fun，它所指向的函数是一个返回整型变量的函数，并且这个函数接收两个整型的变量。

在定义函数指针时，必须注意以下两点：

① 函数指针和它所指向的函数的参数个数和类型都应该是一致的；

② 指针变量名外的括号不可少，因为"()"的优先级高于"*"，否则将变成了指针函数的定义形式。请读者区分：

　　int *fun(int a,int b);

　　int (*fun)(int a,int b);

前者是定义了一个函数fun，这个函数返回指向整型变量指针。后者是定义了一个指向函数的指针，而这个函数的返回类型是整型。

2. 函数指针的初始化

既然函数名代表了函数的入口地址，那么我们在赋值时，就可以直接把一个函数名赋予一个函数指针变量。

【例如】

　　int fun(int a,int b);　　/*定义一个函数*/

　　int (*func)(int a,int b); /*定义一个函数指针*/

　　func=fun;　　　　　/*将函数fun的首地址赋予一个函数指针func*/

3. 函数指针的引用

我们可以与其他类型的指针进行类比。

【例如】

　　int *p,i;

　　p=&i;

这里我们定义了一个指向整型变量的指针p，并且给其赋予初值。那么就可以使用(*p)来代表变量i。同样，也可以使用这种方式来处理函数指针。在上面的例子中，(*func)就代表函数fun。

【例9-15】求两个数中的最大者。

程序代码

```
#include<stdio.h>
/*定义一个接受两个整型变量的函数max，并且此函数的返回值是一个整型变量值*/
int max(int a,int b)
{
    int m;
    if(a>b)
        m=a;
    else
        m=b;
    return m;
}
int main()
{
    int (*fun)(int a,int b);/*定义了一个函数指针*/
    int x,y,m;
    *fun=max;/*初始化函数指针为max */
    scanf("%d %d",&x,&y);/*从键盘输入要比较的两个数*/
    m=(*fun)(x,y);/*通过函数指针来调用函数max */
    printf("x=%d,y=%d,max=%d\n",x,y,m);
    return 0;
}
```

假如我们输入：

　　1 2

程序的运行结果：

　　x=1,y=2,max=2

程序中m=(*fun)(x,y)就等价于m=max(x,y)。

9.8　main函数中的参数

读者可能已经注意到了，前面的例子中，main函数不像其他子函数一样带有参数。其实，main函数可以有参数。例如：

　　main(int argc,char *argv[])

　　　　{

　　　　　　/*主程序段*/

　　　　}

学习提示

【掌握】main函数的命令行参数

【说明】

main函数具有两个参数argc和argv，当然这两个形参的名字可以由用户来命名，但是类型却是固定的。

① argc是个整型参数，它用来存储命令行中参数的个数。

② argv是一个指向字符串的指针数组。它用来存储每个命令行参数，所以命令行参数都应当是字符串，这些字符串的首地址就构成了一个指针数组。那么这个参数的形式可以定义为：

main(int argc,char **argv)

　{

　/*主程序段*/

　}

【例9-16】命令行参数的使用。

程序代码

```c
#include<stdio.h>
int main(int argc,char **argv)
{
    int i,n;
    n=argc;         /*n赋值为命令行参数的个数*/
    for(i=0;i<n;i++)
        printf("%s\n",argv[i]);
    /*通过字符指针来输出字符串,其中的字符串就是命令行的参数*/
    return 0;
}
```

我们将此C程序经过编译连接之后生成可执行文件test.exe。我们在命令行中输入:

  test apple banana

程序的运行结果是:

  test

  apple

  banana

① 在命令行中输入了3个参数,所以*argc*的值就是3。

② 命令行中的3个参数分别是: *test*、*apple*和*banana*,它们就存储在指针数组*argv*中。如图9-19所示。

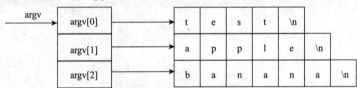

图9-19 命令行中的参数传递

③ 各个参数之间使用空格键或者TAB键隔开。

课后总复习

一、选择题

1. 有以下语句,则对*a*数组元素的引用不正确的是 (0≤*i*≤9)( )。

  int a[10]={0,1,2,3,4,5,6,7,8,9},*p=a;

 A) a[p-a]   B) *(&a [i])   C) p[i]   D) *(*(a+i))

2. 有如下程序

  int a[10]={1,2,3,4,5,6,7,8,9,10};

  int *p=&a[3],b;

  b=p[5];

 则*b*的值是( )。

 A) 5   B) 6   C) 9   D) 8

3. 执行以下程序后,*a,b*的值分别为( )。

```
main()
{
    int a,b,k=4,m=6,*p1=&k,*p2=&m;
    a=p1==&m;
    b=(*p1)/(*p2)+7;
    printf("a=%d\n",a);
    printf("b=%d\n",b);
}
```

A) -1,5   B) 1,6   C) 0,7   D) 4,10

4. 以下程序的输出结果是（　）。

```
main()
{
    int a=7,b=8,*p,*q,*r;
    p=&a;q=&b;
    r=p;p=q;q=r;
    printf("%d,%d,%d,%d\n",*p,*q,a,b);
}
```

A) 8,7,8,7   B) 7,8,7,8   C) 8,7,7,8   D) 7,8,8,7

5. 程序中对 fun 函数有如下说明：

```
void*fun();
```

此说明的含义是（　）。

A) fun 函数无返回值
B) fun 函数的返回值可以是任意的数据类型
C) fun 函数的返回值是无值型的指针类型
D) 指针 fun 指向一个函数，该函数无返回值

6. 下列程序执行后的输出结果是（　）。

```
main()
{
    int a[3][3], *p,i;
    p=&a[0][0];
    for(i=1;  i<9;  i++)
        p[i]=i+1;
    printf("%d\n",a[1][2]);
}
```

A) 3   B) 6   C) 9   D) 随机数

7. 以下程序的输出结果是（　）。

```
main()
{
    int  a[3][3],*p,i;  p=&a[0][0];
    for(i=0;i<9;i++)p[i]=i;
    for(i=0;i<3;i++)printf("%d ",a[1][i]);
}
```

A) 0 1 2   B) 1 2 3   C) 2 3 4   D) 3 4 5

8. 以下程序的输出结果是（　）。

```
prt(int  *m,int n)
{
    int  i;
    for(i=0;i<n;i++)  m[i]++;
}
main()
{
    int  a[]={1,2,3,4,5},i;
    prt(a,5);
    for(i=0;i<5;i++)  printf("%d,",a[i]);
}
```

A) 1, 2, 3, 4, 5,   B) 2, 3, 4, 5, 6,   C) 3, 4, 5, 6, 7,   D) 2, 3, 4, 5, 1,

9. 以下程序的输出结果是（　）。

```
main()
{
    int a[]={1,2,3,4,5,6,7,8,9,0},*p;
    for(p=a;p<a+10;p++) printf("%d,",*p);
}
```

A) 1, 2, 3, 4, 5, 6, 7, 8, 9, 0,
B) 2, 3, 4, 5, 6, 7, 8, 9, 10, 1,
C) 0, 1, 2, 3, 4, 5, 6, 7, 8, 9,
D) 1, 1, 1, 1, 1, 1, 1, 1, 1, 1,

10. 以下程序的输出结果是（　）。

```
main()
{
    char  s[]="159",*p;
    p=s;
    printf("%c",*p++);
    printf("%c",*p++);
}
```

A) 15   B) 16   C) 12   D) 59

11. 有以下函数：

```
fun(char  *a,char  *b)
{
    while(*a!='\0')&&(*b!='\0')&&(*a==*b))
    { a++;  b++;}
    return(*a-*b);
}
```

该函数的功能是（　）。

A) 计算 a 和 b 所指字符串的长度之差
B) 将 b 所指字符串复制到 a 所指字符串中
C) 将 b 所指字符串连接到 a 所指字符串后面
D) 比较 a 和 b 所指字符串的大小

12. 以下程序的输出结果是（　　）。

```
void f(int   *x, int    *y)
{
    int t;
    t=*x;*x=*y;*y=t;
}
main()
{
```

```
int   a[8]={1,2,3,4,5,6,7,8},i,*p,*q;
p=a;q=&a[7];
while(p<q)
{ f(p,q); p++; q--; }
for (i=0;i<8;i++)
printf("%d,",a[i]);
}
```

A）8, 2, 3, 4, 5, 6, 7, 1 　　　　　　　　　　B）5, 6, 7, 8, 1, 2, 3, 4

C）1, 2, 3, 4, 5, 6, 7, 8 　　　　　　　　　　D）8, 7, 6, 5, 4, 3, 2, 1

13. 若有语句：char *line[5];以下叙述中正确的是（　　）。

A）定义line是一个数组，每个数组元素是一个基类型char为指针变量

B）定义line是一个指针变量，该变量可以指向一个长度为5的字符型数组

C）定义line是一个指针数组，语句中的*号称为间址运算符

D）定义line是一个指向字符型函数的指针

14. 设有定义：

```
int   n1=0,n2,*p=&n2,*q=&n1;
```

以下赋值语句中与n2=n1;语句等价的是（　　）。

A）*p=*q; 　　　　　　　B）p=q; 　　　　　　　C）*p=&n1; 　　　　　　　D）p=*q;

15. 若有定义：

```
int x=0,*p=&x;
```

则语句printf("%d\n",*p)的输出结果是（　　）。

A）随机值 　　　　　　　B）0 　　　　　　　C）x的地址 　　　　　　　D）p的地址

16. 设函数fun的定义形式为：

```
void fun(char ch,float x){…}
```

则以下对函数fun的调用语句中，正确的是（　　）。

A）fun("abc",3.0); 　　　B）t=fun('D',16.5); 　　　C）fun('65',2.8); 　　　D）fun(32,32);

二、填空题

1. 已有定义"double *p"，请写出完整的语句，利用malloc函数使p指向一个双精度型的动态存储单元＿＿＿＿。

2. 以下函数strcat()的功能是实现字符串的连接，即将t所指字符串复制到s所指字符串的尾部。例如：s所指字符串为abcd，t所指字符串为efgh，函数调用后s所指字符串为abcdefgh。请填空。

```
#include <string.h>
void strcat(char  *s,char  *t)
{
    int n;
```

```
n=strlen(s);
while(*(s+n)=____)
{s++;t++;}
}

return s;
}
```

3. 以下程序运行后的输出结果是＿＿＿＿。

```
#include <string.h>
char  *ss(char  *s)
{
    char  *p,t;
    p=s+1;t=*s;
    while(*p)
    {*(p-1)=*p;p++;}
    *(p-1)=t;
}
```

```
main()
{
    char  *p,str[10]="abcdefgh";
    p=ss(str);
    printf("%s\n",p);
}
```

4. 以下程序运行后的结果是＿＿＿＿。

```
#include  <string.h>
void fun(char  *s, int  p, int   k)
{
    int i;
    for(i=p;i<k-1;i++)s[i]=s[i+2];
}
```

```
main()
{
    char s[]="abcdefg";
    fun(s,3,strlen(s));
    puts(s);
}
```

5. 以下函数用来求出两整数之和, 并通过形参将结果传回, 请填空。

```
void func(int x,int y,____z)
{*z-x+y;}
```

6. 若有以下定义, 则不移动指针 p, 且通过指针 p 引用值为 98 的数组元素的表达式是_____。

```
int w[10]={23,54,10,33,47,98,72,80,61},*p=w;
```

三、编程题

编制一个字符替换函数, 实现已知字符串 s 中, 所有属于 s1 中的字符都用 s2 中对应字符代替。

学习效果自评

学完本章后, 相信大家对指针的用法有了一定的了解, 本章内容很多, 在考试中涉及的内容很广, 多以程序题的方式出现。下表是对本章比较重要的知识点的一个小结, 大家可以检查自己对这些知识点的掌握情况。

掌握内容	重要程度	掌握要求	自评结果		
指针变量	★★★	能够掌握指针变量的定义、引用与初始化	□不懂	□一般	□没问题
指针与一维数组	★★★★	能够熟练掌握指向一维数组的指针变量及其对数组元素的引用	□不懂	□一般	□没问题
指针与二维数组	★★★★	能够熟练掌握指向二维数组的指针变量及其对数组元素的引用	□不懂	□一般	□没问题
指针与字符数组	★★★★	能够熟练掌握字符串指针及指向字符串的指针变量	□不懂	□一般	□没问题
	★★★★	能够熟练掌握字符数组与字符指针的区别	□不懂	□一般	□没问题
指针与函数	★★★★	能够熟练掌握指针变量作函数参数	□不懂	□一般	□没问题
	★★★	能够掌握数组名作函数参数	□不懂	□一般	□没问题
	★★★★	能够熟练掌握字符指针作函数参数	□不懂	□一般	□没问题
	★★★★	能够熟练掌握返回指针值的函数	□不懂	□一般	□没问题
	★★	能够理解函数指针的概念	□不懂	□一般	□没问题
指针数组	★★★	能够理解指针数组的概念及其与指向数组的指针的区别	□不懂	□一般	□没问题
指向指针的指针	★★★	能够理解指向指针的指针	□不懂	□一般	□没问题
main函数的命令行参数	★★	能够掌握main函数中命令行参数的使用	□不懂	□一般	□没问题

▶▶▶ NCRE 网络课堂   http://www.eduexam.cn/netschool/C.html

教程网络课堂——指针与数组

教程网络课堂——字符串和指针

教程网络课堂——C语言之指针、数组和函数

第10章
预 编 译 处 理

 视频课堂

第1课　预编译处理
- ●概述
- ●宏定义的格式
- ●带参数的宏定义

章前导读

通过本章，你可以学习到：

◎C语言中如何使用宏替换

◎C语言中如何使用文件包含

本章评估		学习点拨
重 要 度	★★★	本章内容在考试中所占的分值较少，大部分知识较容易理解和掌握。
知识类型	熟记和掌握	本章主要介绍带参数或不带参数的宏定义以及文件包含命令的使用。
考核类型	笔试+上机	相比较而言，带参数的宏定义既是本章的重点又是本章的难点。
所占分值	笔试: 5分　上机: 10分	
学习时间	2课时	

本章学习流程图

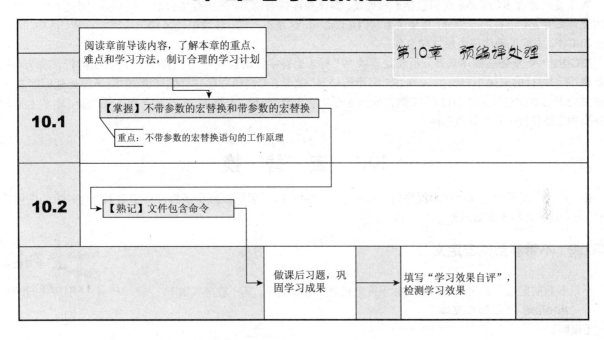

在第7章介绍库函数时,曾提到用#include命令将库函数所在的头文件包含进源程序中,这其实是本章中要详细介绍的一种编译预处理命令。

现在使用的许多C编译系统都包括了预处理、编译和连接等部分,在进行编译时一气呵成,因此不少用户误认为预处理命令是C语言的一部分,甚至认为它们是C语句,这是不对的。必须正确区别预处理命令和C语句,区别预处理和编译,才能正确地使用预处理命令。

在C语言中,预处理程序负责分析和处理以"#"标志为首字符的控制行。凡是以"#"号开头的行都称为"编译预处理"行,每行的末尾不得加";"。所谓"编译预处理"就是在C编译程序进行编译前,由编译预处理程序对这些编译预处理命令行进行处理的过程。C语言的预处理功能主要有3种:宏替换、文件包含和条件编译。本章主要介绍宏替换和文件包含两种预处理功能。

10.1　宏　替　换

在C语言中使用宏可以提高源程序的可维护性、可移植性,并且可以减少源程序中重复书写字符串的工作量。"宏"分为有参数和无参数两种。

10.1.1　不带参数的宏定义

学习提示

【掌握】宏的定义和使用

不带参数的宏定义是用一个指定的标识符来代表一个字符串,其一般形式如下:

　　#define 宏名 替换文本

【说明】

① "define"为宏定义关键字,前面加上"#"就是一条预处理命令。
② "宏名"是所定义的宏的名称,通常用大写字母取名,以便与变量区别。
③ "替换文本"即宏体,可以是常数、表达式、格式串等。
④ 这条宏定义的作用就是在程序中使用"替换文本"来代替任何一个出现"宏名"的地方。

【例如】

　　#define PI 3.1415926

这里定义了一个符号常量PI,表示用标识符PI替换3.1415926。在编译预处理时,会将程序代码中所有的PI都用3.1415926替换。那么下面的程序:

　　L=2*PI*R;

就等价于:

　　L=2*3.1415926*R;

读者在进行不带参数的宏定义的时候,还要注意以下几点。

① 在#define、宏名和替换文本之间用空格隔开。
② 在C程序中,宏定义的定义位置一般写在程序的开头。
③ 宏名一般用大写字母表示,便于与变量名区别;一般将字符个数较多的字符串用一个宏名替换,以减少程序中多处引用字符串时的书写错误。
④ 宏定义是用宏名来表示一个字符串,在宏展开时以该字符串取代宏名,这只是一种简单的代换,预处理程序对它不做任何检查。如有错误,只能在编译已被宏展开后的源程序时发现。
⑤ 宏定义不是语句,在行末不加分号,如加上分号则连分号也一起替换。

⑥ 宏定义必须写在函数之外，其作用域为从宏定义命令起到源程序结束。如要终止其作用域可使用#undef命令。

【例如】

　　# define PI 3.1415926

　　main()

　　{…}

　　# undef PI /*终止宏定义PI*/

　　min()

　　{…}

这表示PI只在main函数中有效，在min函数中无效。

⑦ 宏名在源程序中若用双引号括起来，则预处理程序不对其作宏代换。

【例如】

　　#define N 10

当遇到语句 "printf("N is error\n");" 时，不能替换其中的N。

⑧ 宏定义可以嵌套，嵌套的宏定义名可以引用已经定义的宏名。在宏展开时由预处理程序层层替换。

【例如】

　　#define R 4.25

　　#define PI 3.1415926

　　#define L PI*R*R   /* PI、R是已定义的宏名*/

则语句printf("%f",L);在宏代换后变为：

　　printf("%f",2*3.1415926*4.25);

⑨ 可用宏定义表示数据类型，使书写方便。

【例如】

　　#define STU int

在程序中可用STU替换数据类型int。

【例10-1】不带参数的宏的程序。

```
#define   N   2
#define   M   N+1
#define   NUM   2*M+1
main( )
{
    int  i;
    for (i=1; i<=NUM; i++)
    printf("d\n", i );
}
```

① NUM宏展开之后为：

　　2*N+1+1

需要注意的是，宏只作简单的字符替换，不作运算，宏替换后不是2*（N+1)+1。

② N再展开之后为：

　　2*2+1+1=6

③ 宏展开后的等价程序如下:

```
main( )
{
int i;
    for (i=1;i<=6; i++)
        printf("%d\n", i );
}
```

10.1.2　带参数的宏定义

带参数的宏定义不是进行简单的字符串替换,而是要进行参数替换,其一般形式如下:

　　#define　宏名（形参表）　替换文本

【说明】

① 带参数的宏的调用格式:
宏名(实参表)
替换过程是:用宏调用提供的实参字符串,直接置换宏定义命令行中相应形参字符串,非形参字符保持不变。

② 定义有参宏时,宏名与左圆括号之间不能留有空格。否则,C编译系统将空格以后的所有字符均作为替代字符串,而将该宏视为无参宏。形参表中的各形参用逗号隔开。调用带参数的宏名时,一对圆括号不能少,圆括号中实参的个数应该与宏定义中形参个数相同。

③ 有参宏的展开,只是将实参作为字符串,简单地置换形参字符串,而不作任何语法检查。在定义有参宏时,在所有形参和整个字符串外,均加一对圆括号。

【例如】
#define　ADD(x,y)　(x+y)
那么, 语句 "a=2*ADD(3,4)" 在经过宏替换后将成为a=2*(3+4), *a*的值为14。如果将上例中的宏定义写成:
#define　ADD(x,y)　x+y
则对语句 "a=2*ADD(3,4)" 进行宏替换后, 成为a=2*3+4, *a*的值为10, 而不是14。

④ 带参数的宏和带参数的函数有如下区别。
● 在函数调用时,是先求出实参表达式的值,再传递给形参,而宏定义只是简单的字符替换。
● 函数调用是在程序运行时处理的,分配存储单元,而宏展开(调用)是在编译预处理时进行的,展开时不分配内存单元,不进行值传递,没有返回值的概念。
● 对函数实参和形参都要定义类型,而宏不存在类型,宏定义时替换文本可以是任何类型的数据,但在使用的过程中一律看成字符串。宏名没有类型,只是用一个符号表示,展开时代入指定的文本即可。

【例10-2】带参数宏的使用实例。

● **程序代码**

```
#define    SA(i)      i*i
#define    SB(j)      (j)*(j)
main()
{
    int   a,b,x,y;
        a=3;   b=7;
        x=SA(a+b)/SA(a+b);        /*x=a+b*a+b/a+b*a+b*/
        y=SB(a+5)/SB(b+2);        /*y=(a+5)*(a+5)/(b+2)*(b+2)*/
        printf("x=%d,y=%d\n",x,y);
}
```

程序运行结果：

　　　x=54,y=63

从这个实例中，可以看到在宏体中对每个参数加"()"的重要性。

10.2　文件包含

文件包含是指一个文件将另一个文件的全部内容包含进来。C语言用"#include"命令行来实现文件包含的功能，其一般形式如下：

　　　#include　"包含文件名"

或者是：

　　　#include　<包含文件名>

两种格式的区别仅在于：

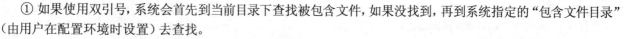

【掌握】正确使用文件包含

① 如果使用双引号，系统会首先到当前目录下查找被包含文件，如果没找到，再到系统指定的"包含文件目录"（由用户在配置环境时设置）去查找。

② 使用尖括号"<>"，系统会直接到指定的"包含文件目录"去查找，一般地说，使用双引号比较保险。

【说明】

① 编译预处理时，预处理程序将查找指定的被包含文件，并将其复制到#include命令出现的位置上。

② 常用在文件头部的被包含文件，称为"标题文件"或"头部文件"，常以"h"（head）作为后缀，简称头文件。例如，几乎每个程序都要包含头文件"stdio.h"。在头文件中，除可包含宏定义外，还可包含外部变量定义、结构类型定义等。

③ 一条包含命令，只能指定一个被包含文件。如果要包含n个文件，则要用n条包含命令。

④ 文件包含可以嵌套，即被包含文件中又包含另一个文件。

一个大程序，通常分为多个模块，并可能由多个程序员分别编程。有了文件包含处理功能，就可以将多个模块共用的数据（如符号常量和数据结构）或函数，集中到一个单独的文件中。这样，凡是要使用其中数据或调用其中函数的程序员，只要使用文件包含处理功能，将所需文件包含进来即可，不必再重复定义它们，从而减少重复劳动。

课后总复习

一、选择题

1. 以下叙述中正确的是（　　）。

　A）预处理命令行必须位于C源程序的起始位置

　B）在C语言中，预处理命令行都以"#"开头

　C）每个C程序必须在开头包含预处理命令行：#include<stdio.h>

　D）C语言的预处理不能实现宏定义和条件编译的功能

2. 以下叙述中正确的是（　　）。

　A）预处理命令行必须位于源文件的开头　　　　B）在源文件的一行上可以有多条预处理命令

　C）宏名必须用大写字母表示　　　　　　　　　D）宏替换不占用程序的运行时间

3. 有以下程序：

```
#define   f(x)   (x*x)
main()
{
  int  i1,i2;
```

```
i1=f(8)/f(4);
i2=f(4+4)/f(2+2);
printf("%d,%d\n",i1,i2);
}
```

程序运行后的输出结果是（　　）。

A）64,28　　　　　　　　B）4,4　　　　　　　　C）4,3　　　　　　　　D）64,64

4. 有以下程序：

```
#define  f(x)      x*x
main( )
{
   int i;
```

```
i=f(4+4)/f(2+2);
printf("%d\n",i);
}
```

程序执行后的输出结果是（　　）。

A）28　　　　　　　　B）22　　　　　　　　C）16　　　　　　　　D）4

5. 有以下程序：

```
#define P 3
#define F(int x) { return (P*x*x);}
main()
```

```
{
  printf("%d\n",F(3+5));
}
```

程序运行后的输出结果是（　　）。

A）192　　　　　　　　B）29　　　　　　　　C）25　　　　　　　　D）编译出错

二、填空题

1. 以下程序中，for循环体执行的次数是____。

```
#define N 2
#define M N+1
#define K M+1*M/2
main()
{
```

```
int i;
for(i=1;i<K;i++)
{ ... }
...
}
```

2. 以下程序运行后的输出结果是____。

```
#define S(x)  4*x*x+1
main()
{
```

```
int i=6,j=8;
printf("%d\n",S(i+j));
}
```

学习效果自评

学完本章后，相信大家对预编译处理有了一定的了解，本章内容在考试中难度稍大，读者应该加深对本章知识的理解。下表是对本章比较重要的知识点的一个小结，大家可以用其检查自己对这些知识点的掌握情况。

掌握内容	重要程度	掌握要求	自评结果		
宏替换	★★★	掌握不带参数的宏替换	□不懂	□一般	□没问题
	★★★	掌握带参数的宏替换	□不懂	□一般	□没问题
文件包含	★★★	掌握文件包含的使用	□不懂	□一般	□没问题

▶▶▶ NCRE 网络课堂　　http://www.eduexam.cn/netschool/C.html

教程网络课堂——C宏——智者的利刃，愚者的噩梦！

教程网络课堂——宏替换在宏观决策系统数据分析中的应用

第11章
结构体、共用体和用户定义类型

 视频课堂

第1课　结构体、共用体和用户定义类型
- ●结构体的定义
- ●结构体变量的定义
- ●引用结构体变量的成员

章前导读

通过本章，你可以学习到：

◎C语言中结构体变量的定义和引用

◎C语言中函数之间结构体变量的参数传递

◎C语言中动态内存分配、链表的构成以及单向链表的操作

◎共用体变量的定义和引用

本章评估			学习点拨
重要度	★★★		结构体是学习C语言的重点之一，也是难点。在学习本章内容之前读者应掌握C语言的基本数据类型以及指针的相关知识。
知识类型	熟记和掌握		
考核类型	笔试+上机		读者在学习本章时应重点掌握结构体变量的定义、初始化和引用，以及链表的相关操作。
所占分值	笔试：10分	上机：10分	同时，希望读者能够通过"本章学习流程图"总体把握本章的知识点。
学习时间	5课时		

本章学习流程图

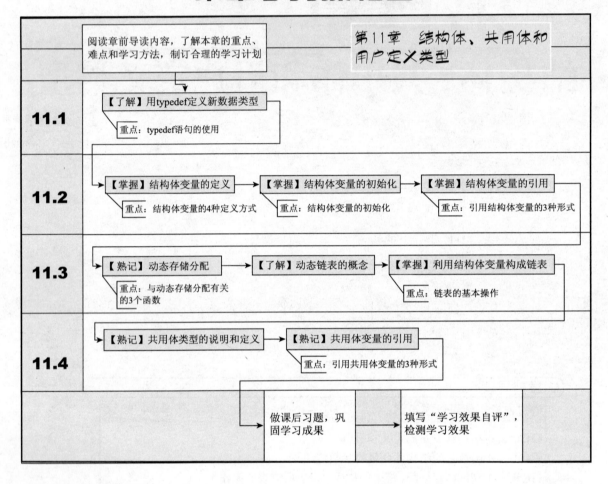

阅读章前导读内容，了解本章的重点、难点和学习方法，制订合理的学习计划

第11章 结构体、共用体和用户定义类型

11.1

【了解】用typedef定义新数据类型

重点：typedef语句的使用

11.2

【掌握】结构体变量的定义

重点：结构体变量的4种定义方式

【掌握】结构体变量的初始化

重点：结构体变量的初始化

【掌握】结构体变量的引用

重点：引用结构体变量的3种形式

11.3

【熟记】动态存储分配

重点：与动态存储分配有关的3个函数

【了解】动态链表的概念

【掌握】利用结构体变量构成链表

重点：链表的基本操作

11.4

【熟记】共用体类型的说明和定义

【熟记】共用体变量的引用

重点：引用共用体变量的3种形式

做课后习题，巩固学习成果

填写"学习效果自评"，检测学习效果

我们在前面的章节已介绍了C语言中基本类型的变量（如整型、实型、字符型等），也介绍了构造类型的变量（如指针和数组）。本章介绍在C语言中可由用户自己构造的3种数据类型。

① 用户定义类型（typedef）：对已有的类型，另外说明一个新的类型标识符。

② 结构体（struct）：把具有相互关系的不同类型的数据组成一个有机的整体。

③ 共用体（union）：又称联合体，使几种不同类型的变量共用一段存储空间。

11.1 用typedef定义类型

C语言允许用typedef说明一种新类型名，其一般形式如下：

> typedef 类型名 新类型名;

【学习提示】

【掌握】使用typedef定义类型

【说明】

① "typedef"是用户定义类型的关键字。

② "类型名"必须是在此语句之前已有定义的类型标识符，可以是基本类型、构造类型、指针类型或自定义类型。

③ "新类型名"是用户自定义的类型名，可以是任意在C语言中合法的标识符。

④ typedef语句的作用仅仅是用"新类型名"来代表已存在的"类型名"，并未产生新的数据类型。原有类型名依然有效，新类型名与原类型名可以同时使用。

【例如】

> typedef int INTEGER;

这条语句是把一个由用户命名的标识符INTEGER说明成一个int类型的新类型名。在此说明之后，可以用标识符INTEGER来定义整型变量，即代替int来使用。

【例如】

> INTEGER i,j;

这等价于：

> int i,j;

也就是说，INTEGER是int的一个别名。为了便于识别，一般习惯将新的类型名用大写字母表示。

【例如】

> typedef int *INTPT;
>
> INTPT p;

这就等价于：int *p;

为不同数据类型定义新类型名的方法有以下几种。

（1）为基本类型命名

> typedef float REAL;　 REAL x, y;　　　　　　　　　　　　/* 相当于float x,y; */

（2）为数组类型命名

> typedef char CHARR[80];CHARR c, d[4];　　　　/* 相当于char c[80],d[4][80]; */

（3）为指针类型命名

> typedef int *IPOINT;IPOINT ip;　　　　　　　/* 相当于int *ip; */
>
> IPOINT *pp;　　　　　　　　　　　　　　　/* 相当于int **pp; */

（4）为函数指针类型命名

```
typedef int  (*FUNpoint)();
FUNpoint funp;                                    /* 相当于int (*funp)( ); */
```

11.2　结　构　体

在用C语言设计程序时,有时需要将不同类型的数据组合成一个有机的整体,以便于引用,这些组合在一个整体中的数据是互相联系的。

我们以一个学生信息为例,学生信息应该包括以下几个数据项。

学号（num）:字符串。

姓名（name）:字符串。

性别（sex）:字符型。

年龄（age）:整型。

成绩（score）:实型。

家庭住址（addr）:字符串。

这些数据项都与某一个学生相联系。从图11-1可以看到性别（sex）、年龄（age）、成绩（score）、地址（addr）属于学号为10010,即名为"Li Fun"的学生。如果将num、name、sex、age、score、addr分别定义为互相独立的简单变量,难以反映它们之间的内在联系。应当把它们组织成一个组合项,在这个组合项中包含若干个类型不同（当然也可以相同）的数据项。C语言允许用户自己指定这样一种数据结构,称为结构体（structure）。

num	name	sex	age	score	addr
10010	Li Fun	M	18	87.5	Beijing

图11-1　简单结构体示意图

结构体类型和系统提供的标准类型（如int、char、float、double等）具有同样的地位和作用,都可以用来定义变量的类型,只不过结构体类型需要由用户自己指定。

11.2.1　结构体类型的说明

【掌握】结构体类型的说明

结构体是一种较为复杂但却非常灵活的构造型数据类型。结构体由若干个不同类型的数据项组成,构成结构体的各个数据项称为结构体成员。当需要把一些相关信息组合在一起时,采用结构体这种类型就很方便。结构体类型说明的一般形式为:

```
struct  结构体名
{
    数据类型1   结构成员名表1;
    数据类型2   结构成员名表2;
    ……
    数据类型n   结构成员名表n;
};
```

【说明】

① "struct"是定义结构体类型的关键字，是结构体类型的标志。

② "结构体名"和"结构成员名表"都是用户定义的标识符。其中"结构体名"是此结构体类型的名字，它是可选项，在说明中可以不出现。每个"结构成员名表"都可以含有多个同类型的成员名，它们之间用逗号","分隔。

③ "数据类型1"……"数据类型n"不仅可以是简单的数据类型（整型、字符型等），还可以是构造数据类型（数组、指针等）。

④ 同一结构体说明中，不能有相同名字的变量，但不同的结构体说明中成员可以同名，并且结构体成员可以和程序中的其他变量同名。

⑤ 结构体说明要以分号";"结尾。

⑥ 编译程序不会为数据类型分配存储空间，同样，结构体类型的说明只是列出该结构的组成情况，编译程序并没有因此而分配任何存储空间。真正占用存储空间的是具有相应结构类型的变量、数组以及动态开辟的存储单元。因此，在使用结构体变量、数组或指针变量之前，必须先定义这些结构体变量、数组或指针变量。

【例如】

上述关于学生信息的结构体类型说明如下：

```
struct student
{
    char num[8];        /* 学号是字符型数组*/
    char name[30];      /* 姓名是字符型数组*/
    char sex;           /* 性别是字符型 */
    int age;            /* 年龄是整型 */
    float score[6];     /* 成绩是单精度型数组*/
    char addr[60];      /* 住址是字符型数组*/
};
```

请注意 当结构体说明中又包含结构体时称为结构体的嵌套。ANSI C标准规定结构体至少允许嵌套15层，并且允许内嵌结构体成员的名字与外层成员的名字相同。

11.2.2 结构体变量的定义

学习提示

【掌握】结构体变量的定义

当一个结构体类型已经存在时，就可以用这个自己定义的类型来定义变量。可以用以下4种方式定义结构体类型的变量、数组和指针。

1. 先说明结构体类型，再定义结构体变量

这种定义方式的一般形式为：

struct 结构体名 变量名表;

【说明】

① "结构体名"是在前面已经说明的结构体数据类型。

② "变量名表"是需要定义的一系列变量名，每个变量名都必须是合法的标识符，每两个变量名之间用逗号隔开。

【例如】

我们在前面的例子中定义了结构体student，下面就可以用这个自定义的类型来定义变量。

```
struct student          t1,s[30],*t2
```
结构体类型名　　　　结构体变量名

这里我们定义了一个student类型的变量t1；一个具有30个元素的student类型的数组s；一个student类型的指针变量t2。

按照结构体类型的组成，系统为定义的结构体变量分配内存单元。结构体变量的各个成员在内存中占用连续存储区域，结构体变量所占内存大小为结构体中每个成员所占用内存的长度之和。

变量t1的结构如图11-2所示。

num	name	sex	age	score	addr
100011	Luo Hua	F	22	98.5	Beijing

图11-2　struct student

其中，t1中只能存放一组数据（即一个学生的档案）；s中可以存放30名学生的档案，它的每一个元素都是struct student类型的变量（即一个学生的档案）；t2是一个指向某一个学生档案所在存储单元地址的指针（但目前还没有具体的指向）。

2.　在定义结构体类型的同时定义结构体变量

这种定义方式的一般形式为：

【说明】

① 这种方式就是在说明结构体类型的同时定义结构体变量。
② "变量名表"是定义的一系列变量名，每个变量名都必须是合法的标识符，每两个变量名之间用逗号隔开。
③ "成员定义表"是结构体成员的列表。

```
struct  结构体名
{
      成员定义表
}变量名表;
```

【例如】

```
struct student
{
    char num[8],name[20],sex;
    int age;
    float score;
}s[30];
```

这里定义了一个student类型的数组，其中该数组有30个元素，每个元素都是student结构体类型。这种定义方式等价于：

```
struct student
{
    char num[8],name[20],sex;
    int age;
```

```
        float score;
    };
    struct student s[30];
```

3. 直接定义结构体类型变量

这种定义方式的一般形式为：

【说明】

这种定义方式不需要指出结构体名，也是在说明结构体变量的同时定义结构体变量。

```
    struct
    {
        成员定义表
    }变量名表;
```

【例如】

```
    struct
    {
        char num[8],name[20],sex;
        int age;
        float score;
    }s[30];
```

4. 使用typedef说明一个结构体类型名，再用新类型名来定义变量

这种定义方式的一般形式为：

【说明】

这种定义方式等价于：
首先定义一个结构体student，如下：
struct student
{
    成员定义表;
};
然后，使用typedef给这个结构体一个别名：
typedef struct student 新类型;

```
        typedef struct
    {
        成员定义表
    }新类型;
    新类型  变量名表;
```

【例如】

```
    typedef struct
        {
            char num[8],name[20],sex;
```

```
            int age;
            float score;
        }StuInfo;
        StuInfo s[30];
```
这里使用typedef语句说明了一个新类型，然后用StuInfo定义了该类型的一个数组s。

11.2.3 结构体变量的初始化

【掌握】结构体变量的初始化

和一般的变量、数组一样，结构体变量和数组也可以在定义的同时赋初值，所赋初值顺序放在一对花括号中。

1. 给结构体变量赋初值

【例如】
```
        struct date
        {
            int year, month, day;
        };
        struct student
        {
            char num[8], name[20], sex;
            struct date birthday;
            float score;
        }a={"9606011","Liming",'M',{1977,12,9},83},b={"9608025","Zhangliming",'F',{1978,5,10},87},c;
```
这个程序段定义了结构体student类型的3个变量a、b、c，其中变量a、b在定义的同时进行了初始化。注意，该结构体中又内嵌了一个结构体。

这里需要说明的一点是，如果初值个数少于结构体成员个数，则将无初值对应的成员赋以0值，但是如果初值个数多于结构体成员个数，则编译出错。

2. 给结构体数组赋初值

给结构体数组赋初值的规则与第6章中介绍的相同，只是由于数组中的每个元素都是一个结构体，因此通常将其成员的值依次放在一对花括号中，以便区分各个元素。

【例如】
```
        struct s
        {
            char num[8],name[20],sex;
            float score;
        }stu[3]={{"9606011","Li ming",'M',87.5},
                {"9606012","Zhang jiangguo",'M',79},
```

{"9606013","Wang ping",'F',90}};

这里需要说明的一点是，数组元素的个数可以省略，系统会根据赋初值时结构体常量的个数确定数组元素的个数。

11.2.4　结构体变量的引用

学习提示

【掌握】结构体变量的引用

若已定义了一个结构体变量和一个同一结构体类型的指针变量，并使该指针指向同类型的变量，则可用以下3种形式来引用结构体变量中的成员。结构体变量名也可以是已定义的结构体数组的数组元素。

（1）结构体变量名.成员名

（2）指针变量名–>成员名

（3）(*指针变量名).成员名

【说明】

① 第1种形式是通过一个结构体变量引用自己的成员变量，其中点号"."称为成员运算符。

② 第2种形式是通过一个结构体指针变量来引用它所指向的那个结构体变量的成员，其中箭头"–>"称为结构指向运算符，它由减号"–"和大于号">"两部分构成，它们之间不得有空格。

③ 第3种形式也是通过一个结构体指针变量来引用它所指向的那个结构体变量的成员，一对圆括号不可少。

④ 成员运算符"."、结构指向运算符"–>"、下标运算符"[ ]"和圆括号"()"的优先级相同，在C语言所有的运算符中，它们的优先级最高。

【例如】

```
struct date
{ int year, month, day;};
struct student
{
    char num[8], name[20], sex;
    struct date  birthday;
    float score[4];
}std,arr[5],*ps;
ps=&std;
```

● 若要引用结构体变量std中的sex成员，可写为：

```
std.sex     /*通过结构体变量引用*/
ps->sex     /*通过指针变量引用*/
(*ps).sex   /*通过指针变量所指向的结构体变量引用*/
```

● 若要引用结构体数组arr的第0个元素arr[0]中的sex成员，可写为：

```
arr[0].sex
```

注意，不能写成arr.sex，因为arr是一个数组名。

● 若要引用结构体变量std中数组成员score中的元素score[2]时，可写为：

std.score[2]或ps–>score[2]或(*ps).score[2]

注意，不能写成std.score，因为score是一个数组名，C语言不允许对数组整体访问（字符串除外），只能逐个引用其元素。

● 若要引用结构体变量std中的出生年份时，可写为：

std.birthday.year或ps–>birthday.year或(*ps).birthday.year

所以访问结构体变量中各内嵌结构体成员时，必须按照从最外层到最内层的顺序逐层使用成员名定位，每层之间用点号隔开。

11.2.5 函数之间结构体变量的数据传递

学习提示

【掌握】函数之间结构体变量的数据传递

函数之间结构体变量的数据传递有以下几种情况。

1. 向函数传递结构体变量的成员

结构体变量中的每个成员可以是简单变量、数组或指针变量等，作为结构体的成员变量，它们可以参与所属类型允许的任何操作，这一原则在参数传递中仍适用。

2. 向函数传递结构体变量

结构体变量可以作为一个整体传递给相应的形参，这时传递的是实参结构体变量的值，系统将为结构体类型的形参开辟相应的存储单元，并将实参中各成员的值赋给对应的形参成员。

使用结构体变量作实参时，由于结构体变量中往往含有较多成员，不像普通变量那样单一，系统要为相应的形参开辟一片存储区，并一一对应传递各成员的数据，为了在返回后取用，系统同时要为保存结构体形参中所有成员的当前值而进行一系列内部操作，所有这些，都将势必增加系统的处理时间，影响程序的执行效率。

结构体变量作实参时，传递给函数对应形参的是它的值，函数体内对形参结构变量中任何成员的操作，都不会影响对应实参中成员的值。从而保证了调用函数中数据的安全。但这也限制了将运算结果返回给调用函数。

3. 传递结构体的指针

将结构体变量的地址作为实参传递，这时，对应的形参应该是一个基类型相同的结构体类型的指针。系统只需为形参指针开辟一个存储单元存放实参结构体变量的地址值，而不必另行建立一个结构体变量。这样既可以减少系统操作所需的时间，提高程序的执行效率，又可以通过函数调用，有效地修改结构体中成员的值。

【例11–1】通过函数给结构体成员赋值。

程序代码

```
Typedef struct
{    char a[10];
     int b;
}AB;
getdata(AB *p)                      /*形参为结构体类型的函数*/
{  scanf("%s%d"p->a,&p->b);   }
main()
{  AB s;
   getdata(&s);                     /*结构体变量的地址作实参*/
   printf("%s,%d\n"s.a,s.b);
}
```

11.3　动态存储分配和链表

到目前为止，凡是遇到"批量"数据时，我们都是利用数组来存储。定义数组必须（显式或隐式）指明元素的个数，从而也就限定了能够在一个数组中存放的数据量。在实际应用中，一个程序在每次运行时要处理数据的数目通常并不确定，数组如果定义小了，将没有足够的空间存放数据，定义大了又会浪费存储空间。对这种情况而言，如果能在程序执行过程中，根据需要随时开辟存储单元，不再需要便随时释放，这样就能比较合理地利用存储空间。这就要用到本节所讲的"链表"这一存储结构。

11.3.1　动态存储分配

学习提示

【掌握】动态内存分配函数

用于存储数据的变量和数组都必须在说明部分进行定义，C编译程序通过定义语句知道它们所需存储空间的大小，并预先为其分配适当的内存空间。这些空间一经分配，在变量或数组的生存期内就是固定不变的，故称这种分配方式为"静态存储分配"。

C语言中还有一种称作"动态存储分配"的内存空间分配方式，在程序执行期间需要空间来存储数据时，通过"申请"分配指定的内存空间；当所分配的存储空间闲置不用时，可以随时将其释放，由系统安排另作他用。

在C语言中，与动态内存分配有关的函数有malloc、free、calloc和realloc。如果要使用这些函数，必须在程序开头包含头文件"stdlib.h"。这里只要求掌握malloc函数、free函数和calloc函数的使用。

1. malloc函数

这个函数的原型为：

malloc(size);

【说明】

① 该函数的作用是在内存的动态存储区分配一个长度为size的连续空间，其中size的数据类型是unsigned int。

② 函数的返回值是新分配的存储区的首地址，是一个void 类型指针，若分配失败，则返回NULL（即0）。

【例如】

假设short int型数据占2个字节，float型数据占4个字节，则以下程序段将使pi指向一个short int类型的存储单元，使pf指向一个float类型的存储单元。

short int *pi;

float *pf;

pi=(short int*)malloc(2);

pf=(float*)malloc(4);

③ 由动态分配得到的存储单元没有名字，只能通过指针变量来引用它。一旦指针改变指向，原存储单元及所存数据都将无法再引用。通过调用malloc函数所分配的动态存储单元中没有确定的初值。

④ 若不能确定数据类型所占字节数，可以使用sizeof运算符求得。

【例如】

pi=(short int*)malloc(sizeof(short int));

pf=(float*)malloc(sizeof(float));

这是一种常用的形式，它由系统计算指定类型的字节数。

2. free函数

原则上，在使用malloc()函数申请的内存存储块在操作结束后，应及时使用free()函数予以释放。尤其是循环使用malloc()函数时，如果不及时释放不再使用的内存块，可能很快就耗尽系统的内存资源，从而导致程序无法继续运行。free函数的一般形式为：

  free(p);

【说明】

> ① 函数调用时的实参p必须是一个指向动态分配存储区的指针，它可以是任何类型的指针变量。此函数无返回值。
> ② 此函数通过释放指针p所指向的动态内存区来使这部分空间可以由系统重新支配。

【例如】

  pi=(int*)malloc(sizeof(int)); /*分配sizeof(int)个字节的存储区*/

  free(pi);   /*释放该存储区*/

3. calloc函数

这个函数与malloc的功能类似，其函数原型如下：

  calloc(n,size);

【说明】

> ① 此函数在内存中动态分配一个n×size字节的存储区，其中的n和size的数据类型都是unsigned int。
> ② 函数返回值为新分配的存储区的首地址，是一个void类型指针，若分配失败，则返回NULL（即0），由于该函数返回的指针为viod*（无值型），故在调用函数时，必须使用强制类型转换将其转换成所需的类型。

【例如】

  int *ip;

  ip=(int *)calloc(10,sizeof(int));

这里动态分配了10个存放整型数据的存储单元，并且将指针*ip*指向该存储单元的首地址。

11.3.2　动态链表的概念

【学习提示】

【掌握】动态链表的概念

  C语言的动态存储分配提供了动态分配和释放存储空间的机制，但各次动态分配的存储单元，其地址不可能是连续的，而所需处理的批量数据往往是一个整体，各数据之间存在着按序关系，如果利用链表这样的存储结构就完全可以反映出数据之间的相互联系。在链表的每个结点中，除了要有存放数据本身的数据域外，至少还需要有一个指针域，用它来存放下一个结点元素的地址，以便通过这些指针把各结点连接起来，从而形成如图11-3所示的链表。由于链表中的每个存储单元都由动态存储分配获得，故称这样的链表为"动态链表"（简称链表）。

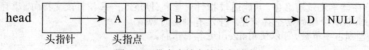

图11-3　带有头结点的单向链表

  链表是一种常见的动态地进行存储分配的数据结构，它又分为"单向链表"、"双向链表"、"循环链表"和"双向循环链表"几类。本书重点介绍单向链表的结构。

  单向链表是按照输入数据的顺序建立的，它的结构如图11-3所示，其结构如下所述：

① 头指针变量 head：指向链表的头结点。

② 每个结点由2个域组成，即数据域和指针域，如图11-4所示。

● 数据域：存储结点本身的信息。

● 指针域：指向后继结点的指针。

③ 尾结点的指针域置为"NULL（空）"，作为链表结束的标志。

图11-4　结点的域

请注意

这里，我们要引入前驱和后继两个概念。
前驱：在链表中，一个结点的前一个结点称作是这个结点的前驱结点。后继：在链表中，一个结点的后一个结点称作是这个结点的后继结点。例如，在如图11-3所示的链表中，结点C的前驱结点是B，后继结点是D。需要注意的是，在单向链表中，头结点没有前驱结点，尾结点没有后继结点。

11.3.3　利用结构体变量构成链表

1.　链表结点结构的定义

在C语言中，定义链表结点结构的一般形式如下：

【说明】

这种结构体与前面我们讲解的一般的结构体区别是：此结构体多了一个指针成员，而此指针的基类型是本结构体，也就是说，在上述形式中的两个"结构体名"是相同的。所以，这种结构体被称为"引用自身的结构体"。

```
struct  结构体名
{
    结构成员表
    struct  结构体名  *指针变量名;
};
```

【例如】

```
struct  node
{
    int     data;
    struct  node  *next;
}a;
```

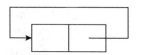

图11-5　引用自身的存储结构

以上程序中所定义的结构体类型node共有两个成员：成员data是整型，next是一个可以指向struct node类型变量的指针。在这种情况下，a.next=&a是合法的表达式，由此构成的存储结构如图11-5所示。

2.　链表的基本操作

对链表的基本操作有创建、检索（查找）、插入、删除和修改等。

（1）建立带有头结点的单向链表

建立链表就是根据需要一个一个地开辟新结点，在结点中存放数据并建立结点之间的连接关系。建立单向链表有两个关键问题：第一，结点的存储空间必须是由程序来动态分配的；第二，结点之间必须形成链状。建立单向链表的主要操作步骤如下：

① 读取数据；

② 生成新结点；

③ 将数据存入结点的成员变量中；

④ 将新结点添加到链表中；

⑤ 重复上述操作直至输入结束。

【例11-2】建立一个学生电话簿的单向链表，链表结构如图11-6所示。

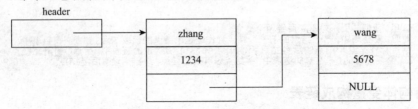

图11-6　建立单向链表示意图

程序代码

```
#include <stdlib.h>
#include <string.h>
#define   NEW (struct node *)malloc(sizeof(struct node))
struct node
{
    char name[20],tel[9];
    struct node *next;
};
struct node *create( )
{
    struct node *h,*p,*q;
    char name[20];
    h=NULL;
    printf("name: ");
    gets(name);
    while (strlen(name)!=0)      /* 当输入的姓名不是空串循环 */
    {
        p=NEW;                   /* 开辟新结点 */
        if (p==NULL)             /* p为NULL,新结点分配失效 */
        {
            printf("Allocation failure\n");
            exit(0);             /* 结束程序运行 */
        }
        strcpy(p->name,name);/* 为新结点中的成员赋值 */
        printf("tel: ");
        gets(p->tel);
        p->next=NULL;
        if (h==NULL)             /* h为空,表示新结点为第1个结点 */
            h=p;                 /* 头指针指向第1个结点 */
        else                     /* h不为空 */
            q->next=p;           /* 新结点与尾结点相连接 */
        q=p;                     /* 使q指向新的尾结点 */
        printf("name: ");
        gets(name);
    }
    return h;
}
main( )
{
    struct node *head;
    head=create( );
}
```

程序中定义函数create来创建单链表，过程如下所述：

① 建立头结点：指针*p*指向由系统申请的第1个结点，输入结点数据域的数据；使头指针 *h*指向链表的头结点，同时*h*作函数返回值。

② 在头结点后增加第2个结点、第3个结点……*p* 指向申请的第2个新结点，用语句"q–>next=p"来实现连接第2个新结点；然后执行语句"q =p；"，使*q*指向第2个新结点。重复执行这样的一个过程，直到不需要再添加结点。

③ 创建尾结点：*q*指向链表的尾结点时，执行语句"q–>next=NULL；"。

④ 在主函数main中定义了一个链表的头结点指针head，用来保存create函数的返回值，这样一个链表就建立完成，我们就可以使用head来顺序访问链表中的每个结点。

（2）检索链表中的结点

检索操作是指按给定的结点索引号或检索条件查找某个结点，如果找到指定的结点，则检索成功，否则，检索失败。通常的方法是顺序访问链表中各结点的数据域，查找满足条件的结点。所谓"访问"，可以理解为取各结点数据域中的值进行各种运算、修改各结点数据域中的值等一系列的操作。首先我们来看如何输出单向链表各结点数据域中的内容。

【例11–3】输出学生电话簿的内容。

我们使用例11–2中建立链表的函数create 来建立一个学生电话簿的链表。

程序代码

```
#include <stdlib.h>
#include <string.h>
#define NEW (struct node *)malloc(sizeof(struct node))
struct node
{
    char name[20],tel[9];
    struct node *next;
};
void prlist(struct node *head)
{
    struct node *p;
    p=head;
    while (p!=NULL)
    {
        printf("%s\t%s\n",p->name,p->tel);
        p=p->next;
    }
}
main( )
{
    struct node *head;
    head=create( );
    prlist(head);
}
```

从这个实例中我们可以看到输出结点数据域内容的算法比较简单，只需利用一个工作指针"p"，从头到尾依次指向链表中的每个结点，当指针指向某个结点时，就输出该结点数据域中的内容；直到遇到链表结束标志为止，如果是空链表，就只输出有关信息并返回调用函数。

在此基础上，我们来看检索结点的操作。如果在输出结点数据域的内容之前对此内容进行判断，看它是否满足某个条件，当满足条件时，就输出这个结点数据域的内容，即查找成功；如果不满足条件，并不对此结点进行任何操作而是接着访问下一个结点的数据域，如果到了尾结点，还没有找到满足条件的结点，那么就是查找失败。

（3）在单向链表中插入结点

链表的插入是指在链表中插入一个新结点，使线性表的长度增加1，并且保持原有逻辑关系。插入操作可以分解为以下几个步骤。

①首先要寻找插入的位置，利用查找算法找到要插入的位置。

②当插入结点插在指针p所指的结点之前称为"前插"，当插入结点插在指针p所指的结点之后称为"后插"。图11-7（a）指明了插入之前链表的情形，图11-7（b）指明了"前插"操作过程中各指针的指向。

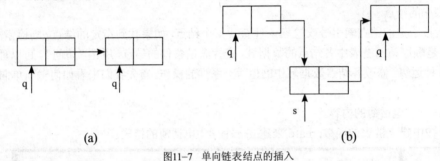

（a） （b）

图11-7　单向链表结点的插入

当进行"前插"操作时，需要3个工作指针，图11-7中用指针s来指向新开辟的结点，用指针p指向插入的位置，用指针q来指向p的前驱结点。可以使用下面的语句来实现结点的插入：

    q->next = s;

    s->next = p;

在单链表中插入一个新结点，可能存在以下4种情况：

① 当链表是空表时，插入一个新结点，构成只有一个结点的链表。

② 在第一个结点前插入，插入新结点为头结点。

③ 顺着结点的指针域找到第i个结点，将新结点插入到第i个结点之后，链表长度增加1。

④ 在最后一个结点后插入，新结点为尾结点。

现在我们来回忆一下建立链表的过程，其实建立一个链表使用了两种链表的插入操作：

第一，当链表为空时，采用第1种插入操作构成只有一个结点的链表；

第二，采用第4种插入操作不断在链表的最后一个结点后插入一个新的尾结点。

（4）删除单向链表中的结点

删除操作是指在链表中删除一个结点，线性表的长度减1，且保持原有逻辑关系。为了在链表中删除包含指定元素的结点，首先要在链表中找到这个结点，基本思路是：通过移动单链表的头指针，顺着结点的指针域找到要删除结点的前驱结点；然后将此前驱结点的指针域去指向待删结点的后续结点，最后释放被删除结点所占存储空间即可。要在链表中删除包含元素x的结点，其过程如下：

① 在链表中寻找包含元素x的前一个结点，设指向该结点的指针为q。则指向包含元素x的结点的指针为：

    p=q->next;

② 将结点q后的结点p从链表中删除，即让结点q的指针指向包含元素x的结点p的指针指向的结点：

    q->next＝p->next;

③ 将包含元素*x*的结点*p*释放，此时，链表的删除运算完成。

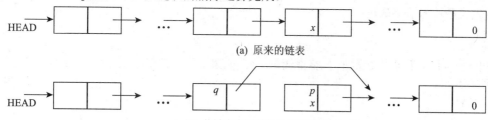

(a) 原来的链表

(b) 从链表中删除包含元素*x*的结点*p*后

图11-8　删除链表的结点

在单链表中删除一个结点，存在以下4种情况。

① 为空表，无结点删除。

② 删除第1个结点，头指针指向第2个结点。

③ 删除最后一个结点（表尾结点）。

④ 删除链表中的结点（既非首结点又非尾结点）。

> **请注意**
>
> 单链表中各个结点的内存分布一般不是连续的，它们通过指针的形式来实现逻辑上的连接，这种数据结构十分方便用于数据的不断插入与删除的操作，每次插入与删除都不需要像数组那样要移动大量的结点元素，因此动态维护起来十分方便。但数组有它的优点，对于排序的数组可以采用折半查找方法进行查找，而单链表只能顺序逐个查找，因此数组的查找效率比单链表高。

11.4　共　用　体

结构体类型解决了如何描述一个逻辑上相关，但数据类型不同的一组分量的集合。在需要节省内存储空间时，C语言还提供了一种由若干个不同类型的数据项组成，但共享同一存储空间的构造类型。在不同的时刻能够把不同类型的数据存放到相同的内存单元中，这种构造的数据类型称为"共用体"。

11.4.1　共用体类型的说明和变量定义

学习提示

【掌握】共用体变量的定义和引用

共用体也是一种构造类型数据，它的类型说明和变量的定义方式同结构体的类型说明和变量定义的方式完全相同，不同的是，结构体变量中的成员各自占有自己的存储空间，而共用体变量中的所有成员占用一个存储空间。

共用体类型说明的一般形式为：

【说明】

① "union"是说明共用体类型的关键字。

② "共用体名"是用户定义的类型标识，它是可选项，在说明中可以不出现。

③ 大括号"{}"中是组成该共用体的成员。每个成员说明由成员名和对应的数据类型构成，成员的数据类型可以是C语言所允许的任何数据类型。当有多个相同类型的成员时，成员说明之间用逗号分隔。

④ 大括号"{}"后的分号";"不能缺少。

```
union   共用体名
{
    数据类型1  成员名表1;
    数据类型2  成员名表2;
```

```
     ...
         数据类型n  成员名表n;
     };
```

【例如】

将两个整型变量*i*和*j*，字符型变量*ch*，长整型变量*l*，4个元素的字符数组*c*放在同一个地址开始的内存单元的共用体utype的定义如下：

```
     union utype
     {
         int i,j;char ch;long l;char c[4];};
```

这里说明了一个union utype共用体类型，共用体类型说明不分配内存空间，只是说明此类型数据的组成情况和结构体类型类似，利用已说明的共用体类型名可以定义变量，共用体变量的定义也可以采用4种方式，这里我们就不再展开讲解，有兴趣的读者可以参考结构体定义方式。

在定义共用体变量时，还应该注意以下几点：

① 定义共用体变量时，系统按照共用体类型的组成，为定义的共用体变量分配内存单元。共用体变量所占内存大小等于共用体中占用内存长度最长的成员。

【例如】

```
     union un
     {
         int   i;
         double  x;
     }s1;
```

这里我们定义了共用体变量s1，那么它的存储空间如图11-9所示。

② 共用体变量在定义的同时只能用第1个成员的类型的值进行初始化，因此，以上变量s1在定义的同时只能赋予整型值。

③ 共用体类型变量的定义在形式上与结构体非常相似，但它们有本质的区别：结构体中的每个成员分别占有独立的存储空间，因此结构体变量所占内存字节数是其成员所占字节数的总和；而共用体变量中的所有成员共享一段公共存储区，所以共用体变量所占内存字节数与其成员中所占字节数最多的那个成员相等。

④ 由于共用体变量中的所有成员共享存储空间，因此变量中的所有成员的首地址相同，而且共用体变量的地址也就是该变量成员的地址。上例中&s1=&s1.i=&s1.x。

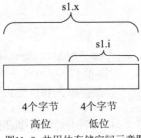

图11-9 共用体存储空间示意图

11.4.2 共用体变量的引用

共用体变量中每个成员的引用方式与结构体完全相同，可以使用以下3种形式之一：

① 共用体变量名.成员名
② 指针变量名->成员名
③ (*指针变量名).成员名

【例如】

```
     union un
     {
         int   i;
         double  x;
     }s1,s2,*p=&s1;
```

【说明】

① 第1种形式是用一个共用体变量来引用自己的成员变量，其中点号"."称为成员运算符。

② 第2种形式是用一个共用体指针变量来引用它所指向的那个共用体变量的成员，其中箭头"–>"称为结构指向运算符，它由减号"–"和大于号">"两部分构成，它们之间不得有空格。

③ 第3种形式也是用一个共用体指针变量来引用它所指向的那个共用体变量的成员，一对圆括号不可少。

④ 成员运算符"."、结构指向运算符"–>"、下标运算符"[]"和圆括号"()"的优先级相同，在C语言中所有的运算符中，它们的优先级最高。

这里我们定义了两个共用体变量s1和s2，还有一个共用体指针变量p，则s1.i、s1.x或p–>i、p–>x、(*p).i、(*p).x都是合法的引用形式。

我们在使用共用体时还需要注意以下几个问题：

① 共用体中的成员变量同样可参与其所属类型允许的任何操作，但在访问共用体成员时应注意：共用体变量中起作用的是最后一次存入的成员变量的值，原有成员变量的值将被覆盖。

【例如】

```
s1.x=123.4;
s1.i=100;
printf("%f\n",s1.x);
```

在以上程序段中，最后一次是给共用体整型成员变量s1.i赋值，在输出语句中输出项是浮点型成员变量s1.x，这时系统并不报错，但输出的结果既不会是123.4，也不是100.0。系统将按照用户选择的成员类型（double）来解释共用存储区中存放的数值（100）。

② 可以使用sizeof函数计算共用体变量所占内存空间。

【例如】

在上例中，sizeof(s1)的结果为8，sizeof(union un)的结果也为8。

③ 可以对共用体变量进行整体赋值。

C语言中允许在两个类型相同的共用体变量之间进行赋值操作。

【例如】

```
s1.i=5;
s2=s1;
printf("%d\n",s2.i);
```

此时的输出值为5。

④ 同结构体变量一样，共用体变量的数据成员可以作为实参向函数传递，共用体类型的变量可以作为实参向函数传递，传送共用体变量的地址也可以作为实参传递给函数。

【例11-4】 利用共用体类型的特点分别取出short整型变量中高字节和低字节中的两个数。

程序代码

```
union  un
{
    char  c[2];
    short   a;
}chang;
main()
{
    chang.a=16961;
    printf("%d,%c\n", chang.c[0], chang.c[0]);
    printf("%d,%c\n", chang.c[1], chang.c[1]);
}
```

程序的输出结果为：

65,A

66,B

分析这个程序可知：共用体变量chang中包含两个成员，即字符型数组c和短整型变量a，它们恰好都占两个字节的存储单元，给chang的成员a赋值后，系统将按short整型把数字存放到存储空间中，分别输出chang.c[1]、chang.c[0]即完成把一个short整型数分别按高字节和低字节输出。内存中数据的存储情况见图11-10。

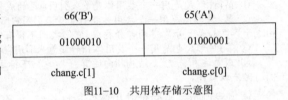

图11-10　共用体存储示意图

课后总复习

一、选择题

1. 以下对结构体类型变量td的定义中，错误的是（　　）。

A）typedef struct aa
```
    {
        int  n;
        float m;
    }AA;
    AA td;
```

B）struct aa
```
    {
        int  n;
        float m;
    }td;
    struct aa td;
```

C）struct
```
    {
        int  n;
        float m;
    }aa;
    struct aa td;
```

D）struct
```
    {
        int  n;
        float m;
    }td;
```

2. 有以下说明和定义语句
```
    struct student
    {
        int age; char num[8];
    };
    struct student stu[3]={{20,"200401"},{21,"200402"},{19,"200403"}};
    struct student *p=stu;
```
以下选项中引用结构体变量成员的表达式错误的是（　　）。

A）(p++)->num　　　　　　B）p->num　　　　　　C）(*p).num　　　　　　D）stu[3].age

3. 有以下程序段
```
    struct st
    {
        int  x;int *y;
    }*pt;
    int a[]={1,2},b[]={3,4};
    struct stc[2]={10,a,20,b};
    pt=c;
```
以下选项中表达式的值为11的是（　　）。

A）*pt->y　　　　　　B）pt->x　　　　　　C）++pt->x　　　　　　D）(pt++)->x

4. 有以下程序
```
    #include  <string.h>
    struct STU
    {
        int  num;
        float  TotalScore;
    };
    void f(struct STU  p)
    {
        struct STU  s[2]={{20044,550},{20045,537}};
        p.num=s[1].num;  p.TotalScore=s[1].
```

```
        TotalScore;
    }
    main()
    {
        struct STU  s[2]={{20041,703},{20042,580}};
```
程序运行后的输出结果是（   ）。

```
        f(s[0]);
        printf("%d  %3.0f\n",s[0].num,s[0].
        TotalScore);
    }
```

A）20045 537   B）20044 550   C）20042 580   D）20041 703

5. 若有以下说明和定义

```
    union  dt
    {
```
以下叙述中错误的是（   ）。

```
        int a;  char b;  double c;
    }data;
```

A）data的每个成员起始地址都相同

B）变量data所占内存字节数与成员c所占字节数相等

C）程序段: data.a=5;printf("%f\n",data.c);输出结果为5.000000

D）data可以作为函数的实参

6. 以下叙述中错误的是（   ）。

A）可以通过typedef增加新的类型

B）可以用typedef将已存在的类型用一个新的名字来代替

C）用typedef定义新的类型名后，原有类型名仍有效

D）用typedef可以为各种类型起别名，但不能为变量起别名

7. 有以下程序段

```
    typedef struct NODE
    {
```

```
        int num;struct NODE  *next;
    }OLD;
```
以下叙述中正确的是（   ）。

A）以上的说明形式非法   B）NODE是一个结构体类型

C）OLD是一个结构体类型   D）OLD是一个结构体变量

8. 设有以下语句

```
    typedef struct  S
    {
```

```
        int g;  char  h;
    }T;
```
则下面叙述中正确的是（   ）。

A）可用S定义结构体变量   B）可以用T定义结构体变量

C）S是struct类型的变量   D）T是struct S类型的变量

9. 现有以下结构体说明和变量定义，如下图所示，指针p、q、r分别指向一个链表中连续的3个结点。

```
    struct node
    {
        char data;
```

```
        struct node  *next;
    }*p,*q,*r;
```

现要将q和r所指结点交换前后位置，同时要保持链表的连续，以下不能完成此操作的语句是（   ）。

A）q->next=r->next;p->next=r;r->next=q;

B）p->next=r;q->next=r->next;r->next=q;

C）q->next=r->next;r->next=q;p->next=r;

D）r->next=q;p->next=r;q->next=r->next;

二、填空题

1. 已有定义：double ＊p;,请写出完整的语句,利用malloc函数使p指向一个双精度型的动态存储单元____。

2. 以下程序中给指针p分配3个double型动态内存单元,请填空。

```
#include <stdlib.h>
main ( )
{
    double *p;
```

```
p=(double *) malloc(_____);
p[0]=1.5;p[1]=2.5;p[2]=3.5;
printf("%f%f%f\n",p[0],p[1],p[2]);
}
```

3. 以下程序运行后的输出结果是____。

```
struct  NODE
{
    int  num;    struct NODE  *next;
};
main()
{
    struct NODE  s[3]={{1,'\0'},{2,'\0'},{3,
    '\0'}},*p,*q,*r;
```

```
int  sum=0;
s[0].next=s+1;  s[1].next=s+2;  s[2].
next=s;
p=s;  q=p->next;  r=q->next;
sum+=q->next->num;  sum+=r->next->
next->num;
printf("%d\n",sum);
}
```

学习效果自评

　　学完本章后,相信大家对结构体和共用体的知识有了一定的了解,本章内容很多,在考试中涉及的内容比较广。下表是对本章比较重要的知识点的一个小结,大家可以用它检查自己对这些知识点的掌握情况。

掌握内容	重要程度	掌握要求	自评结果		
typedef的使用	★★★★	能够正确使用typedef定义用户自己的类型	□不懂	□一般	□没问题
结构体	★★★★	能够掌握结构体类型的说明	□不懂	□一般	□没问题
	★★★★	能够掌握结构体变量的定义和引用	□不懂	□一般	□没问题
	★★★★	掌握函数之间结构体变量的数据传递	□不懂	□一般	□没问题
链表	★★★★	能够正确使用动态内存分配函数malloc	□不懂	□一般	□没问题
	★★★★	能够掌握使用结构体构成链表	□不懂	□一般	□没问题
	★★★★	能够掌握链表的建立、查找、插入等基本操作	□不懂	□一般	□没问题
共用体	★★	能够掌握共用体类型的说明	□不懂	□一般	□没问题
	★★	能够掌握共用体变量的定义和引用	□不懂	□一般	□没问题

▶▶▶ **NCRE 网络课堂**　　http://www.eduexam.cn/netschool/C.html

教程网络课堂——变量的作用域和存储类型

教程网络课堂——数组的存储类别

第12章

位 运 算

 视频课堂

第1课　　**位运算**
- ●按位与运算符
- ●按位或运算符
- ●按位异或运算符
- ●按位非运算符
- ●左移运算符
- ●右移运算符

○ 章前导读

通过本章，你可以学习到：

◎C语言中位运算符的使用

本章评估	
重 要 度	★★
知识类型	熟记和掌握
考核类型	笔试+上机
所占分值	笔试：2分
学习时间	1课时

学习点拨

　　本章内容在每年的笔试中都会考到，但所占分值比重较小。读者在学习的过程中，只需要熟记几种常见位运算符的运算原理即可。

　　本章主要介绍了按位与运算、按位或运算、按位异或运算、按位非运算、左移运算以及右移运算。

　　同时，希望读者能够通过"本章学习流程图"总体把握本章的知识点。

本章学习流程图

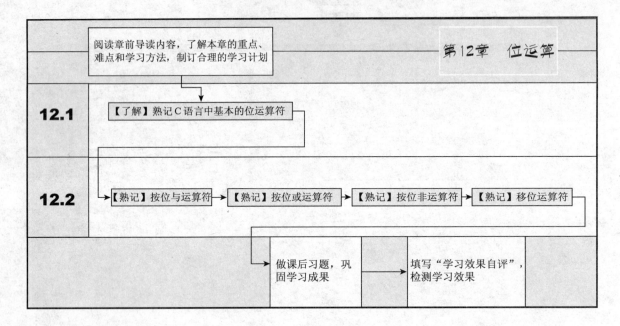

为了节省内存空间,在系统软件中常将多个标志状态简单地组合在一起,存储到一个字节(或字)中。C语言提供了实现将标志状态从标志字节中分离出来的位运算功能。所谓位运算就是指进行二进制位的运算。C语言既具有高级语言的特点,又具有低级语言的功能,位运算能力就是其特色之一。

12.1 位 运 算 符

【熟记】C语言的位运算符

C语言提供了表12-1所列出的6种位运算符以及表12-2所列出的5种扩展运算符。

表12-1   位运算符

运 算 符	含 义	优 先 级
~	按位求反	高
<<	左移	低
>>	右移	
&	按位与	
^	按位异或	
|	按位或	

表12-2   扩展运算符

扩展运算符	表 达 式	等价的表达式
<<=	a<<=2	a=a<<2
>>=	b>>=1	b=b>>1
&=	a&=b	a=a&b
^=	a^=b	a=a^b
|=	a|=b	a=a|b

【说明】

① 位运算符中,只有"求反"(~)是单目运算符,即要求运算符两侧各有一个运算量,其余均为双目运算符。
② 运算的运算对象只能是整型或字符型数据,不能是其他类型的数据,在VC 6.0中整型数据占4个字节,字符型数据占1个字节。
③ 参与运算时,操作数都必须首先转换成二进制形式,然后再执行相应的按位运算。
④ 各双目运算符与赋值运算符结合可以组成扩展的赋值运算符,见表12-2。

12.2 位运算符详解

12.2.1 按位与运算

【掌握】各种位运算符的使用方法

按位与运算"&"的运算格式为:
    操作数1 & 操作数2

【说明】

① 其中"操作数1"和"操作数2"必须是整型或字符型数据。
② 按位与运算规则是:当参加运算的2个二进制数的对应位都为1,则该位的结果为1,否则为0,即0&0=0
0&1=0
1&0=0
1&1=1。

【例如】

4&5的运算如下：

$$
\begin{array}{r r l}
 & 00000100 & (4) \\
(\&) & 00000101 & (5) \\
\hline
 & 00000100 & (4)
\end{array}
$$

因此，4&5的值为4。

可以利用按位与运算来实现一些特定的功能，下面介绍几种常用的功能。

（1）清零

如果想将一个数的全部二进制置为0，只要找一个二进制数，其中各个位要符合以下条件：原来的数中为1的位，新数中相应的位为0。然后使二者进行按位与运算即可达到清零的目的。

【例如】

原有数为171，其二进制形式为10101011，另找一个数，设它为00010100，它符合以上条件，即在原数为1的位置上，它的位值均为0。将两个数进行&运算：

$$
\begin{array}{r l}
 & 10101011 \\
(\&) & 00010100 \\
\hline
 & 00000000
\end{array}
$$

当然也可以不用00010100这个数而用其他数（如01000100）也可以，只要符合上述条件即可。任何一个数与"0"按位与之后的结果为0。

（2）取一个数中某些指定位

【例如】

有一个两字节的短整型数x，想要取其中的低字节，只要将x与八进制数$(377)_8$按位与即可。如图12-1所示，经过运算"z=x&y"后z只保留x的低字节，高字节为0。

x	00 10 11 00	10 10 11 00
y	00 00 00 00	11 11 11 11
z	00 00 00 00	10 10 11 00

x	00 10 11 00	10 10 11 00
y	11 11 11 11	00 00 00 00
z	00 10 11 00	00 00 00 00

图12-1 取x的低8位　　　　图12-2 取x的高8位

如果想取两个字节中的高字节，如图12-2所示只需进行运算$z=x\&(177400)_8$。

（3）保留一个数的某些位

要想将哪一位保留下来，就与一个数进行&运算，此数在该位取1。

【例如】

有一数01110100，想把其中左面第1、3、5、7位保留下来，可以这样运算：

$$
\begin{array}{r l l}
 & 01110100 & （十进制数116） \\
(\&) & 10101010 & （十进制数170） \\
\hline
 & 00100000 & （十进制数32）
\end{array}
$$

12.2.2　按位或运算

按位或运算 "|" 的运算格式为：

　　操作数1　|　操作数2

【说明】

① 其中 "操作数1" 和 "操作数2" 必须是整型或字符型数据。
② 按位或运算的运算规则是，参加运算的两个运算量之对应位，只要有一个为1，则该位的结果为1。即 $0|0=0$、$0|1=1$、$1|0=1$、$1|1=1$。

【例如】

求八进制数30与八进制数15进行 "|" 运算后的值：

$$
\begin{array}{rll}
 & 00011000 & (060)_8 \\
(\,|\,) & 00001101 & (015)_8 \\
\hline
 & 00011101 & (035)_8
\end{array}
$$

可以利用按位或运算来实现一些特定的功能，最常用的是对一个数据的某些位定值为1。

【例如】

x 是一个两字节的短整型数（16位），如果要使低4位全置为1，并且其余位保持原样，则可以使用表达式：$x|(017)_8$，我们以 $x=63$ 为例，运算如下：

$$
\begin{array}{rll}
 & 01000001 & (101)_8 \\
(\,|\,) & 00001111 & (017)_8 \\
\hline
 & 01001111 & (117)_8
\end{array}
$$

12.2.3　按位异或运算

按位异或运算 "^" 的运算格式为：

　　操作数1 ^ 操作数2

【说明】

① 其中 "操作数1" 和 "操作数2" 必须是整型或字符型数据。
② "异或" 的意思是判断参加运算的两个运算量，对应位的值是否为 "异"，为 "异"（值不同）就取真（1），否则为假（0）。即 $0^\wedge0=0$、$0^\wedge1=1$、$1^\wedge0=1$、$1^\wedge1=0$。

【例如】

求八进制数30与八进制数15进行 "^" 运算后的值：

$$
\begin{array}{rll}
 & 00011000 & (060)_8 \\
(\wedge) & 00001101 & (015)_8 \\
\hline
 & 00010101 & (025)_8
\end{array}
$$

可以利用按位异或运算来实现一些特定的功能，下面介绍几种常用的功能。

（1）使特定位翻转

【例如】

有二进制数01011010，想使其高4位翻转，即1变为0，0变为1。可以将它与11110000进行 "^" 运算，即：

$$01011010$$
$$(\wedge)\quad 11110000$$
$$\overline{\quad 10101010\quad}$$

结果值的高4位正好是原数高4位的翻转。我们可以发现这么一个规律：原数中值为1的位与1进行^运算得0，原数中的位0与1进行^运算的结果得1。所以，要使哪几位翻转就将与其进行异或运算的该几位置为1即可。

另外，我们还发现另外一个规律：与0相异或，保留原值。即原数中的1与0进行"^"运算得1，0"^"0得0。

【例如】

$$10001010$$
$$(\wedge)\quad 00000000$$
$$\overline{\quad 10001010\quad}$$

（2）交换两个值

为了交换两个变量的值，往往会使用到临时变量。但是使用异或运算就能避免使用临时变量。

【例如】

假如有两个整型变量a和b，a的值为5，b的值为4，想将a和b的值互换，可以用以下赋值语句实现：

```
a=a^b;
b=b^a;
a=a^b;
```

可以用下面的竖式来说明：

$$a=101$$
$$(\wedge)\quad b=100$$
$$\overline{\quad a=001\quad}\quad (a\wedge b\text{的结果,a已变成1})$$
$$(\wedge)\quad b=100$$
$$\overline{\quad b=101\quad}\quad (b\wedge a\text{的结果,b已变成5})$$
$$(\wedge)\quad a=001$$
$$\overline{\quad a=100\quad}\quad (a\wedge b\text{的结果,a已变成4})$$

我们从这里也可以发现一个规律：任何一个数与本身相异或，结果都是0。上面的竖式就等效于以下两步：

① 执行a=a^b和b=b^a，这就相当于b=b^(a^b)。而b^a^b等价于a^b^b。b^b的结果为0，因此b的值等于a^0，即a的值为3。

② 再执行a=a^b。由于a的值等于a^b，b的值等于b^a^b，因此，相当于a=a^b^b^a^b，即a的值等于a^a^b^b^b，等于b（交换前的值4），即a得到b原来的值4。

12.2.4 按位非运算

按位非运算"~"又称按位取反运算，其运算格式为：

　　~操作数

【说明】

① 其中"操作数"必须是整型或字符型数据。
② 按位取反运算规则是，对一个二进制数按位取反，即将0变为1，1变为0。即：
　　~0=1
　　~1=0。

【例如】

对八进制数24（即二进制数00010100）按位求反。（～）　0000000000010100

　　　　　　　　　　　　　　1111111111101011

即得八进制数177753。

③ "～"运算符的优先级别比算术运算符、关系运算符、逻辑运算符和其他位运算符都高。

【例如】

假如a和b是两个整型变量，a的值为3，即二进制是011，b的值为5，即二进制是101。计算下面的表达式：

　　～a&b

分析这个表达式的执行过程：

● 由于"～"的优先级比"&"的优先级高，所以首先执行"～a"，得二进制数100，即4。

● 执行4&b，得100，即4。

所以最后的结果是4，这个表达式就等价于（～a）&b。

可以利用按位或运算来实现一些特定的功能，最常用的是间接地构造一个数，以增强程序的可移植性。

【例如】

通过求～0，可以间接地构造一个各位全1的二进制数。

12.2.5　左移运算

按位左移运算"<<"的运算格式为：

操作数<<移位数

【说明】

① 其中"操作数"和"移位数"必须是整型或字符型数据。

② 按位左移运算的规则是，将一个操作数先转换成二进制数，然后将二进制数各位左移若干位，并在低位补若干个0，高位左移后溢出，舍弃不起作用。

【例如】

若x=9，求x=x<<1的值。

9用8位二进制数表示是00001001，左移1位为00010010，即十进制数18。

我们可以发现一个规律：左移1位相当于该数乘以2，左移2位相当于该数乘以2^2=4。上面举的例子9<<1=18，即乘以 2。但此结论只适用于该数左移时被溢出舍弃的高位中不包含1的情况。

【例如】

表12-3所列的x的左移运算。

表12-3　　　　　　　　　　　　　　　　　　左移运算

x的值	x的二进制形式		x<<1		x<<2
64	01000000	0	10000000	01	00000000
127	01111111	0	11111110	01	11111100

由表12-3可以看出，若x的值为64，左移1位时，溢出的高位是0，相当于乘以2，左移2位时，溢出的高位中包含1，值等于0。

根据上面的规律，按位左移运算经常用于将乘以2^n的幂运算处理为左移n位。因为，左移比乘法运算快得多。

12.2.6　右移运算

按位右移运算">>"的运算格式为：

操作数>>移位数

【说明】

① 其中"操作数"和"移位数"必须是整型或字符型数据。

② 按位右移运算规则是将一个操作数先转换成二进制数，然后将二进制数各位右移若干位，移出的低位舍弃；并在高位补位，补位分2种情况：

● 若为无符号数，右移时左边高位移入0。

● 若为有符号数，如果原来符号位为0（正数），则左边补若干0；如果原来符号位为1，左边补1。

左边补若干0为"逻辑右移"，左边补若干1为"算术右移"。

【例如】

有变数x，其八进制值是$(113514)_8$，即二进制形式为1001011101001100。

逻辑右移x>>1：0 100 101 110 100 110得 $(045646)_8$

算术右移x>>1：1 100 101 110 100 110得 $(145646)_8$

我们也可以发现一个规律：右移一位相当于对该数除以2。根据这个规律，按位右移运算常用来对操作数做除法运算，即将一个操作数除以2^n的幂运算处理为右移 n 位的按位右移运算。即右移一位相当于除以2，右移 n 位相当于除以2^n。

【例12-1】 从键盘上输入1个正整数给int变量n，输出由8～11位构成的数（从低位、0号开始编号）。

解决此问题的基本思路是：

① 使变量n右移8位，将8～11位移到低4位上。

② 构造1个低4位为1，其余各位为0的整数。

③ 与n进行按位与运算。

④ 输出与运算结果。

程序代码

```
main()
{
    int n , mask;
    printf("Input a integer number: ");
    scanf("%d",&n );
    n>>= 8;              /*右移8位，将8～11位移到低4位上*/
    mask = ~ ( ~0 << 4); /*间接构造1个低4位为1、其余位为0的整数*/
    printf("result=0x%x\n", n & mask);
}
```

请注意　如果两个数据长度不同（如long型和int型）进行位运算时（如x&y，而x为long型，y为int型），系统会将二者按右端对齐。如果y为正数，则左侧16位补满0。若y为负数，左端应补满1。如果y为无符号整数型，则左侧补满0。

课后总复习

一、选择题

1. 设有定义语句：char c1=92,c2=92;,则以下表达式中值为零的是（　　）。

A）c1^c2　　　　　　B）c1&c2　　　　　　C）~c2　　　　　　D）c1|c2

2. 以下程序的功能是进行位运算：

```
    main()                                    b=~4 & 3;
    {                                         printf("%d%d\n",a,b);
       unsigned char  a,b;                 }
       a=7^3;
```

程序运行后的输出结果是（　　）。

A）4 3　　　　　　　　　B）7 3　　　　　　　　　C）7 0　　　　　　　　　D）4 0

3. 有以下程序：

```
    main( )                                   b=4&3;
    {  unsigned char a,b;                     printf("%d %d\n",a,b);
       a=4|3;                              }
```

执行后的输出结果是（　　）。

A）7 0　　　　　　　　　B）0 7　　　　　　　　　C）1 1　　　　　　　　　D）43 0

4. 设有以下语句：

```
    int a=1,b=2,c;
    c=a^(b<<2);
```

执行后，c的值为（　　）。

A）6　　　　　　　　　　B）7　　　　　　　　　　C）8　　　　　　　　　　D）9

二、填空题

1. 一个数与0进行按位异或运算，结果是____。

2. 对一个数进行右移操作相当于对该数____。

3. 能将两个字节变量x的高8位置全1，低字节保持不变的表达式是____。

学习效果自评

　　学完本章后，相信大家对位运算有了一定的了解，本章内容很多，在考试中涉及的内容比较广，以选择题的方式出现。下表是我们对本章比较重要的知识点进行的一个小结，大家可以用来检查自己对这些知识点的掌握情况。

掌握内容	重要程度	掌握要求	自评结果		
位运算	★★	能够熟记C语言的位运算符	□不懂	□一般	□没问题
	★★	能够掌握位运算的简单应用	□不懂	□一般	□没问题

►►►► NCRE 网络课堂　　http://www.eduexam.cn/netschool/C.html

教程网络课堂——C语言的位运算符

教程网络课堂——按位运算符的种类

教程网络课堂——位运算符

第13章

文 件

 视 频 课 堂

第1课　文件
- ●系统对文件的处理过程
- ●文件指针
- ●使用文件的一般步骤

章前导读

通过本章，你可以学习到：

◎C语言中文件的基本概念

◎C语言中文件的打开、关闭、读写以及定位操作

◎字符串处理函数的使用

本章评估			学习点拨
重 要 度	★★★		文件是 C 语言的基础内容，也是难点之一。本章知识点大多需要熟记，在实际考试中的难度稍大。 　　读者在学习过程中要重点理解文件指针的概念，熟练掌握文件的打开与关闭、文件的读写以及文件的定位等操作。 　　同时，读者可以通过"本章学习流程图"对本章的知识点进行总体上的把握。
知识类型	熟记和掌握		
考核类型	笔试+上机		
所占分值	笔试：5分	上机：8分	
学习时间	2课时		

本章学习流程图

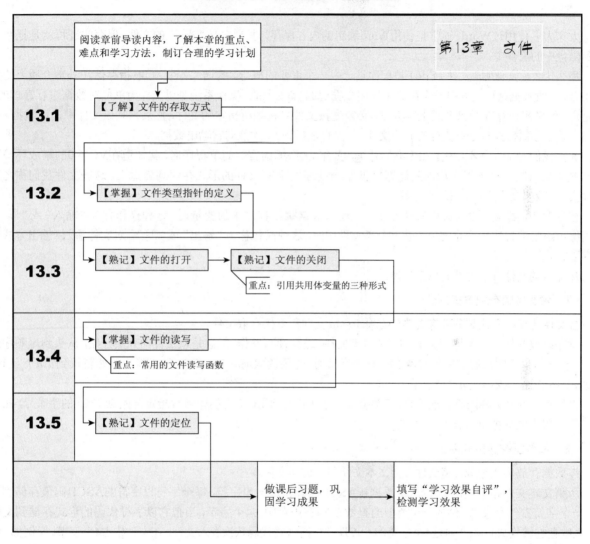

第13章　文件

阅读章前导读内容，了解本章的重点、难点和学习方法，制订合理的学习计划

13.1　【了解】文件的存取方式

13.2　【掌握】文件类型指针的定义

13.3　【熟记】文件的打开　→　【熟记】文件的关闭

重点：引用共用体变量的三种形式

13.4　【掌握】文件的读写

重点：常用的文件读写函数

13.5　【熟记】文件的定位

做课后习题，巩固学习成果　→　填写"学习效果自评"，检测学习效果

13.1　文 件 概 述

大家大多使用过Word，通常把使用Word编辑的内容保存为扩展名是“.doc”的文件，保存的过程就是把数据输出到磁盘中的文件中。

那么什么是文件呢？文件（File）是程序设计中一个重要的概念。所谓“文件”一般指存储在外部介质上的数据的集合。一般数据是以文件的形式存放在外部介质（如磁盘）上的。操作系统是以文件为单位对数据进行管理的，也就是说，如果想找存在外部介质上的数据，必须先按文件名找到所指定的文件，然后再从该文件中读取数据。要向外部介质上存储数据也必须先建立一个文件（以文件名标识），才能向它输出数据。

其实我们对文件并不陌生，在本书的开头，读者在编写C语言的简单程序时，就知道在VC 6.0的集成环境下或在某些编辑系统中将源程序输入到计算机里去，然后把它们以文件的形式存储到磁盘上，这些文件我们称之为源程序文件，或叫文本文件、磁盘文件等。

在程序中，当调用输入函数从外部文件中输入数据赋给程序中的变量时，这种操作称为“输入”或“读”；当调用输出函数把程序中变量的值输出到外部文件中时，这种操作称为“输出”或“写”。对文件输入、输出方式也称“存取方式”。

计算机的文件分类方法有以下几种。

1. 按文件的存取方式划分

按文件的存取方式划分可将文件分为顺序存取文件和直接存取文件。

顺序存取文件的特点是：每当“打开”这类文件，进行读写操作时，总是从文件的开头开始，从头到尾顺序地读或写；也就是说当顺序存取文件时，要读第n个字节时，先要读取前$n-1$个字节，而不能一开始就读到第n个字节；要写第n个字节时，也要先写$n-1$个字节。

直接存取文件又称随机存取文件，其特点是：可以通过调用C语言的库函数指定开始读（写）的字节号，然后直接对该位置上的数据进行读（写）操作。

2. 按数据存放形式划分

按数据存放形式划分可将文件分为文本文件和二进制文件。

所谓文本文件指的是，当输入时，数据按ASCII码转换成一串字符，每个字符以字符的ASCII码值存储到文件中，一个字符占一个字节。例如，int类型的整数1234在内存中占4个字节，当把它以字符代码的形式存储到文件中时，系统把它转换成1、2、3、4这4个字符的ASCII码并把这些代码依次存入文件，在文件中占4个字节。又例如，float类型数3.141592在内存中占4个字节，系统将把它转换成3、.（点号）、1、4、1、5、9、2这8个字符的ASCII码值存入文件，在文件中占8个字节。当用printf函数进行输入时就进行了这种转换，只是在内部处理过程中，指定了输入文件为终端屏幕。反之，当输入时，又把指定的一串字符按类型转换成数据，并存入内存。如调用scanf函数进行这种转换，只是在内部处理过程中，指定了终端键盘为输入文件。

所谓二进制文件指的是，当数据按二进制形式输出到文件中时，数据不经过任何转换，按计算机内的存储形式直接存放到磁盘上；也就是说对于字符型数据，每个字符占一个字节，对于int类型数据，每个数据占4个字节，float类型的每个数据占4个字节，其他的数据依此类推；当从二进制文件中读取数据时，不必经过任何转换，而直接将读入的数据存入变量空间所占内存空间。由此可见,因为不存在转换的操作,从而提高了对文件输入/输出的速度。注意:不能将二进制数据直接输出到终端屏幕,也不能从键盘输入二进制数据。

3. 按编译系统对文件的处理方式划分

按编译系统对文件的处理方式划分可将文件分为缓冲文件系统和非缓冲文件系统。

所谓缓冲文件系统是指,系统自动地在内存区为每一个正在使用的文件开辟一个缓冲区。当对某个文件进行输出时,系统首先把输入数据填入为该文件开辟的缓冲区内,每当缓冲区被填满时,就把缓冲区中的内容一次性地输出到相应文件中。当从某文件输入数据时,首先将从输入文件中读取一些数据到该文件的内存缓冲区中,输入语句将从该缓冲区中依次读取数据;当该缓冲区中的数据被读完时,将再从输入文件中读取一些数据到缓冲区中。

所谓非缓冲文件系统是指系统不自动开辟确定大小的缓冲区,而由程序为每个文件设定缓冲区。

在UNIX系统下,用缓冲文件系统来处理文本文件,用非缓冲文件系统处理二进制文件。用缓冲文件系统进行的输入/输出又称为高级磁盘输入输出（I/O）系统,用非缓冲文件系统进行的输入输出又称为低级输入输出(I/O)系统。ANSI标准决定不采用非缓冲文件系统,而只采用缓冲文件系统。也就是说既用缓冲文件系统处理文本文件,也用它来处理二进制文件。

本章只介绍ANSI标准规定的缓冲文件系统以及对它的读写。

13.2　文件类型指针

在C语言的缓冲文件系统中,用文件类型指针来标识文件。所谓文件指针,实际上是指向一个结构体类型的指针变量,这个结构体中包含有文件的一些信息,如缓冲区的地址,在缓冲区中当前存取的字符的位置,对文件是"读"还是"写",是否出错,是否已经遇到文件结束标志等信息。此结构体类型名为FILE,可以用此类型来定义文件指针。定义文件类型指针变量的一般形式为:

> **学习提示**
>
> 【理解】文件类型指针的概念

　　　FILE　* 变量名表;

【例如】

　　　FILE　*fp1,*fp2;

这里fp1和fp2均被定义为指向文件类型的指针变量,称为文件指针。

【说明】

　　① 文件指针用于指向一个文件,实际上是用于存放文件缓冲区的首地址。在缓冲文件系统中可以进行文件的打开、关闭、读、写、定位等操作。要对文件进行相应的操作,必须先定义一个指向文件的指针。

　　② 结构类型名"FILE"必须大写。

　　③ 一般来说,对文件操作有以下3个步骤。

步骤1 打开文件,即在计算机内存中开辟一个缓冲区,用于存放被打开文件的有关信息。

步骤2 文件处理,包括读写、定位等操作。

步骤3 关闭文件,将缓冲区中的内容写回到磁盘,并释放缓冲区。

13.3　文件的打开与关闭

对文件进行操作之前，必须先打开该文件；使用结束后，应立即关闭，以免数据丢失。例如，在编辑Word文档时，需要先打开将要编辑的文件，然后是对文件内容的操作，并将进行的操作结果保存到磁盘上，最后还要关闭这个文件。对文件操作的库函数、函数原型均在头文件stdio.h中，本节仅介绍打开和关闭一个文件的方法。

学习提示

【掌握】文件的打开与关闭

13.3.1　文件的打开 (fopen函数)

C语言中打开一个文件通过系统函数fopen实现，其调用的一般形式为：

　　FILE　*fopen("文件名","操作方式");

等价于：

　　FILE　*fp;
　　fp=fopen("文件名","操作方式");

【说明】

　① "文件名"是将要打开（或创建）的文件的名字，如果使用字符数组（或字符指针），则不使用双引号。

　② fopen函数返回一个指向指定文件的文件指针。如果不能实现打开指定文件的操作，则fopen函数返回一个空指针NULL（其值在头文件stdio.h中被定义为0）。

　③ 用文件指针指向打开的文件后，就可以用它来访问该文件。为增强程序的可靠性，常用下面的方法打开一个文件：

```
if((fp=fopen("文件名","操作方式"))==NULL)
{
    printf("can not open this file\n");
    exit(0);
}
```

　④ 对文件操作的方式见表13-1。

表13-1　　　　　　　　　　　　　　　　　文件操作方式列表

操 作 方 式	说　　明
r	以只读方式打开一个文本文件（该文件已存在），位置指针指向文件头，从此处读数据
w	以只写方式打开一个文本文件，若该文件不存在，系统自动建立它，否则刷新此文件，位置指针指向文件头，从此处写数据
a	以追加方式打开一个文本文件，指针指向文件尾
r+	以读/写方式打开一个文本文件。打开文件时，读写位置指针指向文件头，以覆盖方式写文件
w+	以读/写方式建立一个新的文本文件
a+	以读/写方式打开一个文本文件。打开文件时，读从文件头开始，写从文件尾部追加
rb	以只读方式打开一个二进制文件
wb	以只写方式打开一个二进制文件
ab	以追加方式打开一个二进制文件
rb+	以读/写方式打开一个二进制文件
wb+	以读/写方式打开一个新的二进制文件
ab+	以读/写方式打开一个二进制文件

【例如】
```
char filename[]="try.txt";
FILE *fp=fopen(filename,"r");
```

这种形式就等价于：
FILE *fp=fopen("try.txt","r");
这里字符串filename指明要打开的文件名，"r"指出以只读方式打开这个文件，*fp*是一个文件指针，指向打开的文件。
⑤ 在程序开始运行时，系统自动打开3个标准文件，并分别定义了文件指针。
● 标准输入文件，其文件指针是stdin，指向终端输入（一般为键盘），如果程序中指定要从stdin所指的文件输入数据，就是从终端键盘上输入数据。
● 标准输出文件，其文件指针是stdout，指向终端输出（一般为显示器）。
● 标准错误文件，其文件指针是stderr，指向终端标准错误输出（一般为显示器）。

13.3.2　文件的关闭（fclose函数）

对一个文件操作完成后，要将该文件关闭，"关闭"就是使文件指针变量不再指向该文件，也就是文件指针变量与文件"脱钩"，此后不能再通过该指针对原来与其相联系的文件进行读写操作。C语言中关闭一个文件通过系统函数fclose实现，其调用的一般形式为：

　　　　fclose(文件指针);

【说明】

① "文件指针"是已经打开的文件的指针如13.3.1小节中的文件指针*fp*。
② 这个函数就是关闭"文件指针"所指向的文件。如果正常关闭了文件，则函数返回值为0；否则，返回值为非0。

【例如】

　　　　fclose(fp);
这条语句就关闭了*fp*所指向的文件。

请注意

读者应该养成在程序终止之前关闭所有文件的习惯，如果不关闭，文件将会丢失数据。因为，如前所述，在向文件写数据时，是先将数据输出到缓冲区，待缓冲区充满后才正式输出给文件。如果当数据未充满缓冲区而程序结束运行，就会将缓冲区中的数据丢失。用fclose函数关闭文件，可以避免这个问题，它先把缓冲区中的数据输出到磁盘文件，然后才释放文件指针变量。

13.4　文件的读写

文件被打开后可以对文件进行操作，文件的读写操作是最常用的文件操作。C语言中文件的读写没有特定的输入输出语句，它是通过C提供的库函数来实现的。文件读写的操作有以下几种。

学习提示

【掌握】文件读写函数的使用

① 读/写文件中的一个字符。
② 读/写一个字符串。
③ 读/写一个数据块。
④ 对文件进行格式化读/写。

13.4.1　字符读写函数fputc和fgetc

1. fgetc函数

fgetc函数的功能是从文件中读入一个字符，其调用的一般形式为：

fgetc(文件指针);

【说明】

① "文件指针"指向由fopen打开的一个文件。

② 此函数从"文件指针"所指向的文件中,读入一个字符,同时将读写位置指针向前移动1个字节(即指向下一个字符)。

③ 函数调用成功则返回从文件读到的字符,遇到文件结束或者错误则返回EOF(EOF是在头文件stdio.h中定义的宏,一般值为-1,意义为End of File)。需要注意的是这里的返回值是整型int,而不是char型。

【例如】

    char ch;

    ch=fgetc(fp);

表示从文件*fp*中读一个字符,赋给变量*ch*,同时*fp*的读写位置指针向前移动到下一个字符。

2. fputc()函数

fputc()函数的功能是将一个字符写到文件中,其调用的一般形式为:

    fputc(字符数据,文件指针);

【说明】

① 其中"字符数据",既可以是字符型常量,也可以是字符型变量。

② 该函数的功能是将字符数据输出到"文件指针"所指向的文件中去,同时将读写位置指针向前移动1个字节(即指向下一个写入位置)。如果输出成功,则函数返回值就是输出的字符数据;否则,返回EOF。

③ "文件指针"所指向的文件可以用写、读写、追加方式打开,用写或读写方式打开一个已存在的文件时,在向文件中写入字符时将清除原有文件内容,写入字符从文件首开始。如需保留原有文件内容,希望写入的字符以文件末开始存放,必须以追加方式打开文件。

④ 打开文件时被写入的文件若不存在,则自动创建该文件。

⑤ 每写入一个字符,文件内部位置指针向后移动一个字节。

【例13-1】从键盘输入到文本文件。

分析这个程序的执行过程如下所述。

● 程序代码

```
#include<stdio.h>
main()
{
    FILE *fp;  char str[21];
    if((fp=fopen("m.c","rt"))==NULL)          /*打开文件*/
    {
        printf("Cannot open file strike any key exit!");
        exit(0);
    }
    fgets(str,20,fp);                         /*从文件读入字符串*/
    printf("%s",str);                         /*打印输出数组str中的值*/
    fclose(fp);                               /*关闭文件myq1*/
}
```

① 定义一个文件指针*fp*,定义字符指针*filename*用来存放文件名。

② 从键盘输入要进行操作的文件名,存放在变量*filename*中。

③ 使用fopen函数以写方式打开这个文件。

④ 循环地从键盘读入字符,使用函数fputc将字符写入到*fp*所指向的文件中去,直到输入字符"!"时结束。

⑤ 关闭文件。

从这个例子中，读者应该掌握对文件操作的一般流程。在以后的实例中，仅仅是对文件的具体操作不同，但是对文件的操作都应该遵循这个流程。

13.4.2 字符串读写函数fputs和fgets

1. fgets函数

fgets函数的功能是从文件中读一个字符串，其调用的一般形式为：

　　　fgets(str,n,fp);

【说明】

　　① str是一个字符指针，也就是存放字符串的起始地址，n是一个int型变量，fp是文件指针。
　　② 此函数的功能是从fp所指文件中读入n-1个字符放入str为起始地址的空间内；并在尾端自动加一个结束标志"\0"。同时将读写位置指针向前移动字符串长度个字节。
　　③ 在读出n-1个字符之前，如遇到了换行符或EOF，则读出结束。
　　④ 此函数的返回值是str。

【例13-2】从m.c文件中读取一个含20个字符的字符串。

● 程序代码

```
#include<stdio.h>
main()
{
    FILE *fp;  char str[21];
    if((fp=fopen("m.c","rt"))==NULL)          /*打开文件*/
    {
        printf("Cannot open file strike any key exit!");
        exit(0);
    }
    fgets(str,20,fp);                         /*从文件读入字符串*/
    printf("%s",str);                         /*打印输出数组str中的值*/
    fclose(fp);                               /*关闭文件myql*/
}
```

2. fputs函数

fputs函数的功能是用来向指定文件输出一个字符串，其调用的一般形式为：

　　　fputs(字符串,文件指针);

【说明】

　　① 其中"字符串"可以是字符串常量，或字符数组名，或字符指针变量名。
　　② 此函数是向由"文件指针"指定的文件中输出一个字符串，同时将读写位置指针向前移动字符串长度个字节。
　　③ 如果输出成功函数返回值为正整数，否则返回EOF。

【例13-3】向文件myfile中追加一个字符串。

程序代码

```
#include<stdio.h>
main()
{
    FILE *fp;
    char ch,str[20];
    if((fp=fopen("myfile","a+"))==NULL)          /*打开文件*/
    {
        printf("Cannot open file strike any key exit!");
        exit(0);
    }
    printf("input a string:\n");
    scanf("%s",str);                        /*从键盘输入字符串*/
    fputs(str,fp);          /*将字符串写入到文件指针fp所指向的文件中去*/
    fclose(fp);
}
```

在这段程序中，使用scanf函数从键盘读入一个字符串，然后使用fputs函数将字符串写入到文件指针*fp*所指向的文件中去。

13.4.3　数据块读写函数fread和fwrite

数据块读写fread函数和fwrite函数一般用于二进制文件的处理。

1.　fread函数

fread函数的功能是用来从文件中读取数据块，其调用的一般形式为：

　　　fread(buffer,size,count,fp);

【说明】

　　① fp是文件指针；buffer是一个指针，用来存放输入数据块的首地址；size表示一个数据块的字节数；count表示要读取的数据块块数。

　　② 此函数的功能是从fp所指向文件的当前位置开始，一次读入size个字节，重复count次，并将读入的数据存放到从buffer开始的内存中；同时，将读写位置指针向前移动size×count个字节。

　　③ 如果调用fread()成功，则函数返回值等于count。

2.　fwrite函数

fwrite函数的功能是用来向文件写数据块，其调用的一般形式为：

　　　fwrite(buffer,size,count,fp);

【说明】

　　① fp是文件指针；buffer是一个指针，用来存放将要读取数据块的首地址；size表示一个数据块的字节数；count表示要写的数据块块数。

　　② 此函数功能是从buffer开始，一次输出size个字节，重复count次，并将输出的数据存放到fp所指向的文件中；同时，将读写位置指针向前移动size×count个字节。

　　③ 如果调用fwrite函数成功，则函数返回值等于count。

13.4.4　格式化读写函数fprintf和fscanf

1. fscanf函数

fscanf函数只能从文本文件中按格式输入，fscanf函数和scanf函数相似，只是输入的对象是磁盘上文本文件中的数据而不是键盘。其调用形式如下：

　　　　fscanf(文件指针,格式控制字符串,输入项表);

【说明】

　　① "文件指针"指向一个文本文件；"格式控制字符串"也就是读取数据的格式字符串；"输入项表"是要输入数据的变量的地址列表。

　　② 此函数是在格式控制字符串的控制下从文件中读取字符，把转换的值赋予相应的各个变量。如果调用成功，则返回实际被转换并赋值的变量的个数。如果到达了文件末尾或者出错，则返回EOF。

　　【例如】

若文件指针*fp*已指向一个已打开的文本文件，*a*、*b*分别为整型变量，则以下语句从*fp*所指的文件中读入两个整数放入变量*a*和*b*中：

fscanf(fp,"%d%d",&a,&b);

　　③ 由于"stdin"就代表终端键盘，所以语句：

fscanf(stdin,"%d%d",&a,&b);

就等价于：

scanf("%d%d",&a,&b);

2. fprintf函数

fprintf函数只能向文本文件中输出数据，fprintf函数和printf函数相似，只是输出的内容将按格式存放到磁盘的文本文件中而不是屏幕上。其调用形式如下：

　　　　fprintf(文件指针,格式控制字符串,输出项表);

【说明】

　　① "文件指针"指向一个文本文件；"格式控制字符串"也就是输出数据的格式字符串；"输出项表"是要输出数据的变量的地址列表。

　　② 此函数是按格式将输出变量列表中变量的内容进行转换，并输出到文本文件中。如果调用成功，则返回实际被转换并输出的变量的个数。否则，返回EOF。

　　【例如】

若文件指针*fp*已指向一个已打开的文本文件，*x*、*y*分别为整型变量，则以下语句将把*x*和*y*两个整型变量中的整数按"%d"的格式输出到*fp*所指的文件中。

　　　　fprintf(fp,"%d %d",x,y);

　　③ 由于"stdout"代表终端屏幕，以下语句：

　　　　fprintf(stdout,"%d %d",x,y);

就等价于：

　　　　printf("%d %d",x,y);

13.4.5　判断文件结束函数feof

在对ASCII码文件执行读入操作时，如果遇到文件尾，则读操作函数返回一个文件结束标志EOF（其值在头文件stdio.h中被定义为-1）。ASCII码值的范围是0~255，不可能出现-1，因此可以用EOF作为文件结束标志。

当对文件进行读操作时，为了避免读完文件中数据时，继续对文件进行读取操作，可以通过feof函数来检测文件是否结束。feof函数调用的一般形式为：

feof(文件指针);

【说明】

① "文件指针"指向由fopen打开的文件。
② 在执行读文件操作时，如果遇到文件尾，则函数返回逻辑真（1）；否则，则返回逻辑假（0）。
③ feof函数同时适用于ASCII码文件和二进制文件。

【例13-4】从文件a.txt中依次读取字符，并且逐个显示在屏幕上。

程序代码

```
#include<stdio.h>
main()
{
  FILE *fp;
  char ch;
  fp=fopen("a.txt","r");      /*打开文件a.txt */
  while(!feof(fp))            /*直到文件尾循环才结束*/
  {
     ch=fgetc(fp);           /*从文件中取一个字符*/
     printf("%c",ch);         /*输出字符*/
  }
  fclose(fp);                /*关闭文件*/
}
```

13.5　文件的定位

在介绍文件定位函数之前，先介绍"文件位置指针"的概念。"文件位置指针"和前面介绍的"文件指针"是两个完全不同的概念。

【掌握】文件定位函数的使用

文件指针是指在程序中定义的FILE类型的变量，通过fopen函数调用给文件指针赋值，使文件指针和某个文件建立联系，C程序中通过文件指针实现对文件的各种操作。文件位置指针只是一个形象化的概念，我们用文件位置指针来表示当前读或写的数据在文件中的位置。当通过fopen函数打开文件时，可以认为文件位置指针总是指向文件的开头或第一个数据之前。当文件位置指针指向文件末尾时，表示文件结束。当进行读操作时，总是从文件位置指针所指位置开始，去读其后的数据，然后位置指针移到尚未读的数据之前，以备指示下一次的读或写操作。当进行写操作时，总是从文件位置指针所指位置开始写，然后移动到刚写入的数据之后，以备指示下一次输出的起始位置。

文件中有一个读写位置指针，指向当前的读写位置。每次读写1个（或1组）数据后，系统自动将位置指针移动到下一个读写位置上。如果想改变系统这种读写规律，可使用有关文件定位的函数。下面介绍常用的三个文件定位函数：rewind、fseek和ftell。

13.5.1　rewind函数

rewind函数的调用形式为：

rewind(fp);

【说明】

　　此函数的功能使文件的位置指针返回到文件头。其中*fp*必须是有效的文件指针，即它已经指向一个由fopen打开的文件。

13.5.2　fseek函数

文件定位函数fseek()一般用于二进制文件，其调用形式如下：

　　fseek(fp,offset,origin);

【说明】

　　① *fp*必须是有效的文件指针，即它已经指向一个由fopen打开的文件；origin是起始点，用以指定位移量是以哪个位置为基准的；*offset*表示从origin开始移动的字节数，它是以字节为单位的。起始点既可用标识符来表示，也可用数字来表示。它的值有3种，见表13-2。

表13-2　　　　　　　　　　　　　　　　　origin的值和代表的具体位置

origin	数　值	代表的具体位置
SEEK_SET	0	文件开头
SEEK_CUR	1	文件当前位置
SEEK_END	2	文件末尾

　　② 此函数的功能是用来移动文件位置指针到指定的位置上，接着的读或写操作将从此位置开始。
　　③ 对于二进制文件，当位移量为正整数时，表示位置指针从指定的起始点向文件尾部方向移动；当位移量为负整数时，表示位置指针从指定的起始点向文件首部方向移动。C语言中规定在位移量的末尾加上字母L表示long型，以便在读写大于64KB的文件时不致出错。

【例如】

　　fseek(fp,100L,0);

这条语句的作用是将指针移到离文件头100个字节处。

　　fseek(fp,50L,1);

这条语句的作用是将指针移到离当前位置50个字节处。

　　fseek(fd,–10L,1);

这条语句的作用是将指针从当前位置倒退10个字节。

　　fseek(fp,–10L,2);

这条语句的作用是将指针移到文件末倒数10个字节处。

在这些语句中第三个参数0、1和2可以分别由SEEK_SET、SEEK_CUR和SEEK_END来代替。

13.5.3　ftell函数

另一个与文件读写位置相关的函数式ftell()，其调用形式如下：

　　ftell(fp);

【说明】

① *fp*必须是有效的文件指针,即它已经指向一个由fopen打开的文件;

② 此函数的功能是返回文件读写位置相对于文件开头的位移量(即位移的字节数)。如果出错,函数会返回-1。可以使用下面的语句来检测错误。

```
long pos;
if((pos=ftell(fp))==-1L);
printf("A file error has occurred\n");
```

课后总复习

一、选择题

1. 以下叙述中错误的是（　　）。

A) C语言中对二进制文件的访问速度比文本文件快

B) C语言中,随机文件以二进制代码形式存储数据

C) 语句FILE fp; 定义了一个名为fp的文件指针

D) C语言中的文本文件以ASCII码形式存储数据

2. 有如下程序:

```
#include <stdio.h>
main()
{
  FILE *fp1;
  fp1=fopen("f1.txt","w");
  fprintf(fp1,"abc");
  fclose(fp1);
}
```

若文本文件f1.txt中原有内容为: good,则运行以上程序后文件f1.txt中的内容为（　　）。

A) goodabc
B) abcd
C) abc
D) abcgood

3. 执行以下程序后, test.txt文件的内容是(若文件能正常打开)（　　）。

```
#include <stdio.h>
main()
{
  FILE *fp;
  char *s1="Fortran",*s2="Basic";
  if((fp=fopen("test.txt","wb"))==NULL)
  {
    printf("Can't open test.txt file\n");
    exit(1);
  }
  fwrite(s1,7,1,fp);
  /*把从地址s1开始的7个字符写到fp所指文件中*/
  fseek(fp,0L,SEEK _ SET);
  /*文件位置指针移到文件开头*/
  fwrite(s2,5,1,fp);
  fclose(fp);
}
```

A) Basican
B) BasicFortran
C) Basic
D) FortranBasic

4. 设fp为指向某二进制文件的指针,且已读到此文件末尾,则函数feof(fp)的返回值为（　　）。

A) EOF
B) 非0值
C) 0
D) NULL

5. 以下与函数fseek(fp,0L,SEEK_SET)有相同作用的是（　　）。

A) feof(fp)
B) ftell(fp)
C) fgetc(fp)
D) rewind(fp)

6. 有以下程序:

```
#include<stdio.h>                          if(i%3==0)
main()                                        fprintf(fp,"\n");
{                                          }
   FILE *fp;int i,k,n;                     rewind(fp);
   fp=fopen("data.dat","w+");              fscanf(fp,"%d%d",&k,&n);
   for(i=1;i<6;i++)                        printf("%d%d\n",k,n);
   {                                       fclose(fp);
      fprintf(fp, "%d  ",i);            }
```

程序运行后的输出结果是（　　）。

A) 0 0   B) 123 45   C) 1 4   D) 1 2

7. 有以下程序：

```
   #include   "stdio.h"                        fclose(fp);
   void WriteStr(char *fn,char *str)        }
   {                                       main()
      FILE *fp;                            {
      fp=fopen(fn,"W");                        WriteStr("t1.dat","start");
      fputs(str,fp);                           WriteStr("t1.dat","end");
                                            }
```

程序运行后,文件t1.dat中的内容是（　　）。

A) start   B) end   C) startend   D) endrt

二、填空题

1. 文件可以用＿＿＿方式存取,也可以用＿＿＿方式存取。

2. 文件可以用＿＿＿和＿＿＿两种代码形式存放。

3. 设有以下结构体类型

```
   struct st                               int num;
   {                                       float s[4];
   char name[8];                        }student[50];
```

并且结构体数组student中的元素都已有值,若要将这些元素写到硬盘文件fp中,请将以下fwrite语句补充完整。fwrite(student,

＿＿＿, 1, fp);

学习效果自评

学完本章后，相信大家对文件有了一定的了解。下表是对本章比较重要的知识点的一个小结，大家可以用来检查一下自己对这些知识点的掌握情况。

掌握内容	重要程度	掌握要求	自评结果		
文件类型指针	★★	能够正确理解文件的概念	□不懂	□一般	□没问题
	★★★★	能够掌握文件指针的定义	□不懂	□一般	□没问题
文件的打开与关闭	★★★★	能够掌握文件打开函数fopen的使用	□不懂	□一般	□没问题
	★★★★	能够掌握文件关闭函数fclose的使用	□不懂	□一般	□没问题
文件的读写	★★★★	能够掌握字符读写函数fputc和fgetc的使用	□不懂	□一般	□没问题
	★★★★	能够掌握字符串读写函数fputs和fgets的使用	□不懂	□一般	□没问题
	★★★★	能够掌握格式化读写函数fcanf和fprintf的使用	□不懂	□一般	□没问题
	★★★★	能够掌握数据块读写函数fread和fwrite的使用	□不懂	□一般	□没问题
文件的定位	★★★★	能够掌握文件定位函数rewind的使用	□不懂	□一般	□没问题
	★★★★	能够掌握文件定位函数fseek的使用	□不懂	□一般	□没问题
	★★★★	能够掌握函数ftell的使用	□不懂	□一般	□没问题

▮▮▮▶ **NCRE 网络课堂**　　http://www.eduexam.cn/netschool/C.html

教程网络课堂——文件的打开与关闭

教程网络课堂——文件的读写

附　　录

附录A　上机指导

1. 考试信息

全国计算机等级考试上机考试系统是以中文版Windows XP操作系统为平台的应用软件。它具有自动计时、自动阅卷和回收等功能。

全国计算机等级考试二级C语言程序设计分为笔试和上机操作两部分。每年上半年4月的第一个星期六上午和下半年9月的倒数第二个星期六上午进行笔试，从笔试的当天下午开始上机操作考试，期限为五天，由考点根据考生数量和设备情况具体安排。等级考试成绩分为四个等级：不及格、及格、良好和优秀。笔试和上机操作仅一项成绩合格的，下次考试时合格项可免考，只参加未通过项的考试。两项都合格者可以获得由教育部考试中心颁发的二级合格证书。

2. 考试环境

硬件环境	
主　　机	PentiumIII 1GHz相当或以上
内　　存	128MB以上（含128MB）
显　　卡	SVGA 彩显
硬盘空间	500MB以上（含500MB）

软件环境	
操作系统	中文版Windows XP
应用软件	Microsoft Visual C++ 6.0和MSDN 6.0

3. 操作步骤

（1）启动计算机。

（2）双击桌面上名称为"全国计算机等级考试上机考试系统"的图标，进入上机考试系统，其界面如图1所示。

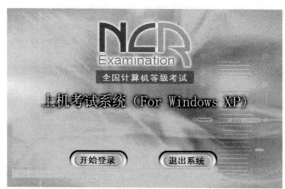

图1

（3）单击"开始登录"按钮，进入准考证号验证界面，如图2所示。

图2

（4）输入考生的准考证号（必须是16位数字），单击"考号验证"按钮，对所输入的准考证号进行合法性检查。如果输入的准考证号不存在，上 橘试系统会要求考生重新输入，直到输入正确为止，如图3所示。如果输入的准考证号存在，则显示该准考证号对应的身份证号和姓名，并提示相应的确认信息，如图4所示。

图3

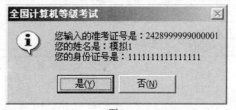

图4

（5）考生核对信息正确与否，如果不正确则单击"否（N）"按钮，重新输入准考证号；如果正确则单击"是（Y）"按钮，将获得随机生成的一份试卷，并可查看考试须知，如图5所示。

图5

（6）单击"开始考试并计时"按钮，进入如图6所示的界面，开始考试并计时。

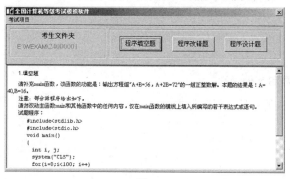

图6

（7）在考试过程中，考生的准考证号、姓名和考试剩余时间以及"显示窗口"或 "隐藏窗口"和"交卷"按钮始终显示在屏幕的顶端，如图7所示。通过"显示窗口"或"隐藏窗口"按钮可以随时显示或隐藏考试窗口。

图7

（8）在考试窗口中单击"程序填空题"、"程序改错题"和"程序设计题"按钮，可以分别查看各个题型的题目要求。单击"考试项目"菜单，选择"启动Visual C++ 6.0"后进行相应题型的作答。

（9）如果考试过程中出现死机等意外情况而无法进行正常考试时，应及时告知监考人员，被确认为非人为因素后，可进行二次登录。进行二次登录时，考生重新输入准考证号并确认，出现如图8所示的密码验证界面，监考人员输入密码后，考生可继续进行上机考试。注意：在上机考试过程中考生不得随意关机，否则将被取消考试资格。

图8

附录B　全国计算机等级考试二级C语言考试大纲

一、基本要求

（1）熟悉Visual C++ 6.0集成开发环境。

（2）掌握结构化程序设计的方法，具有良好的程序设计风格。

（3）掌握程序设计中简单的数据结构和算法并能阅读简单的程序。

（4）在Visual C++ 6.0集成环境下，能够编写简单的C程序，并具有基本的纠错和调试程序的能力。

二、考试内容

1. C语言的结构

(1) 程序的构成，main函数和其他函数。

(2) 头文件，数据说明，函数的开始和结束标志以及程序中的注释。

(3) 源程序的书写格式。

(4) C语言的风格。

2. 数据类型及其运算

(1) C的数据类型（基本类型、构造类型、指针类型、无值类型）及其定义方法。

(2) C运算符的种类、运算优先级和结合性。

(3) 不同类型数据间的转换与运算。

(4) C表达式类型（赋值表达式、算术表达式、关系表达式、逻辑表达式、条件表达式、逗号表达式）和求值规则。

3. 基本语句

(1) 表达式语句、空语句、复合语句。

(2) 输入输出函数的调用，正确输入数据并正确设计输出格式。

4. 选择结构程序设计

(1) 用if语句实现选择结构。

(2) 用switch语句实现多分支选择结构。

(3) 选择结构的嵌套。

5. 循环结构程序设计

(1) for循环结构。

(2) while和do-while循环结构。

(3) continue语句和break语句。

(4) 循环的嵌套。

6. 数组的定义和引用

(1) 一维数组和二维数组的定义、初始化和数组元素的引用。

(2) 字符串与字符数组。

7. 函数

(1) 库函数的正确调用。

(2) 函数的定义方法。

(3) 函数的类型和返回值。

(4) 形式参数与实在参数，参数值的传递。

(5) 函数的正确调用，嵌套调用，递归调用。

(6) 局部变量和全局变量。

(7) 变量的存储类别（自动，静态，寄存器，外部），变量的作用域和生存期。

8. 编译预处理

(1) 宏定义和调用（不带参数的宏，带参数的宏）。

(2) "文件包含"处理。

9. 指针

(1) 地址与指针变量的概念，地址运算符与间址运算符。

(2) 一维、二维数组和字符串的地址以及指向变量、数组、字符串、函数、结构体的指针变量的定义。通过指针引用以上各类型数据。

(3) 用指针作函数参数。

(4) 返回地址值的函数。

(5) 指针数组，指向指针的指针。

10. 结构体（即"结构"）与共用体（即"联合"）

(1) 用typedef说明一个新类型。

(2) 结构体和共用体类型数据的定义和成员的引用。

(3) 通过结构体构成链表，单向链表的建立，结点数据的输出、删除与插入。

11. 位运算

(1) 位运算符的含义和使用。

(2) 简单的位运算。

12. 文件操作

只要求缓冲文件系统（即高级磁盘I/O系统），对非标准缓冲文件系统（即低级磁盘I/O系统）不要求。

(1) 文件类型指针（FILE类型指针）。

(2) 文件的打开与关闭（fopen, fclose）。

（3）文件的读写（fputc, fgetc, fputs, fgets, fread, fwrite, fprintf, fscanf函数的应用），文件的定位（rewind, fseek函数的应用）。

三、考试方式

（1）笔试：90分钟，满分100分，其中含公共基础知识部分的30分。

（2）上机：90分钟，满分100分。题型包括：填空、改错、编程。

附录C　参　考　答　案

第1章

一、选择题									
1	D)	2	B)	3	C)	4	B)	5	C)

二、填空题	
1	算法
2	顺序、选择、循环

第2章

一、选择题									
1	C)	2	D)	3	B)	4	C)	5	A)
6	C)	7	A)	8	B)	9	B)		

二、填空题	
1	88
2	67 G
3	54
4	0
5	3

第3章

一、选择题									
1	C)	2	D)	3	B)	4	D)	5	C)
6	C)	7	C)	8	A)	9	A)	10	D)

二、填空题	
1	printf("a=%d,b=%d", a,b);
2	88
3	67 G
4	25 21 37
5	12

三、编程题

```
#include <stdio.h>
# define PI 3.14159
main()
{   int r;                  /*算法步骤①*/
    float s, area;          /*算法步骤②*/
    scanf("%d",&r);
    s=PI*2*r;               /*算法步骤③*/
    area = PI*r*r;
    printf(" s=%f",s);      /*算法步骤④*/
    printf("area =%f", area );
}
```

第4章

一、选择题

1	D)、	2	C)	3	A)	4	C)	5	B)
6	A)	7	A)	8	D)	9	C)	10	C)
11	D)	12	C)	13	C)				

二、填空题

1	4599
2	(a+b>c)&&(a+c>b)&&(b+c>a)
3	1
4	21

三、编程题

```
1
main()
{   int a, b, c, temp;
    printf("Please input three numbers:");
    scanf("%d,%d,%d",&a,&b,&c);
    if (a>b) { temp=a; a=b; b=temp;}
    if (a>c) { temp=a; a=c; c=temp;}
    if (b>c) { temp=b; b=c; c=temp;}
    printf("Three numbers after sorted:");
    printf("%d,%d,%d\n",a,b,c);
}
```

```
2
main( )
{   int year,leap;
    scanf("%d",&year);
    if(year%4==0)
    {  if(year%100==0)
        {   if(year%400==0)
                leap=1;
            else
                leap=0;
        }
      else
        leap=1;
    }
    else
      leap=0;
    if(leap)
      printf("%d is",year);
    else
      printf("%d is not",year);
    printf("a leap year\n");
}
```

第5章

一、选择题

1	C)	2	A)	3	D)	4	D)	5	B)

6	D)	7	B)	8	D)				
二、填空题									
1	i<10　j%3!=0								
2	t*10								

第6章

				一、选择题					
1	C)	2	A)	3	B)	4	C)	5	C)
6	A)	7	C)	8	B)	9	A)		
二、填空题									
1	>0　i								
2	a[0][i]　b[i][0]								
3	abcbcc								

第7章

				一、选择题					
1	D)	2	B)	3	B)	4	C)	5	B)
6	D)	7	B)	8	C)	9	D)	10	A)
二、填空题									
1	4 3 3 4								
2	a=1.0;b=1.0;s=1.0;								
3	11								
4	10								
5	15								

第8章

				一、选择题					
1	A)	2	C)						
二、填空题									
1	0 101 112 12								
2	!knahT								

第9章

				一、选择题					
1	D)	2	C)	3	C)	4	C)	5	C)
6	B)	7	D)	8	B)	9	A)	10	A)
11	D)	12	D)	13	A)	14	A)	15	B)
16	D)								
二、填空题									
1	p=(double *)malloc(sizeof(double))								
2	*t								
3	bcdefgha								
4	abcfg								
5	int　*								
6	p[5]或*(p+5)								
三、编程题									

```
#include <stdio.h>
#define MAX 50
rep(char *s,char *s1,char *s2)
{
    char *p;
 for(;*s;s++)
    {
        for(p=s1;*p&&*p!=*s;p++);
        if(*p)*s=*(p-s1+s2);
    }
}
main( )
{
    char s[MAX];/*="ABCABC";*/
    char s1[MAX],s2[MAX];
    clrscr();
    puts("Please input the string for s:");
    scanf("%s",s);
    puts("Please input the string for s1:");
    scanf("%s",s1);
    puts("Please input the string for s2:");
    scanf("%s",s2);
    rep(s,s1,s2);
    puts("The string of s after displace is:");
    printf("%s\n",s);
    puts("\n Press any key to quit...");
    getch();
}
```

第10章

一、选择题									
1	B)	2	D)	3	C)	4	A)	5	D)
二、填空题									
1	4								
2	81								

第11章

一、选择题									
1	C)	2	D)	3	C)	4	D)	5	C)
6	A)	7	C)	8	D)	9	D)		
二、填空题									
1	p=(double *)malloc(sizeof(double))								
2	3*sizeof(double)								
3	5								

第12章

一、选择题								
1	A)	2	A)	3	A)	4	D)	
二、填空题								
1	原数							
2	除以2							
3	x=x|0xff00							

第13章

一、选择题									
1	C)	2	C)	3	A)	4	B)	5	D)

6	D)	7	B)							
二、填空题										
1	顺序　随机									
2	二进制　ASCII									
3	50*sizeof(struct st)									